高等职业教育烹饪工艺与营养专业教材
广东省高职院校高水平专业群建设项目成果
广东省高职教育实践教学示范基地项目成果

食品雕刻与冷拼

吴雄昌　刘　燕　郑建中　主编

SHIPIN DIAOKE YU LENGPIN

中国轻工业出版社

图书在版编目（CIP）数据

食品雕刻与冷拼 / 吴雄昌，刘燕，郑建中主编. 北京：中国轻工业出版社，2025. 9. -- ISBN 978-7-5184-5615-4

Ⅰ. TS972. 114

中国国家版本馆CIP数据核字第202558TR94号

责任编辑：方　晓　　责任终审：白　洁　　设计制作：锋尚设计
策划编辑：史祖福　方　晓　　责任校对：朱　慧　朱燕春　　责任监印：张　可

出版发行：中国轻工业出版社（北京鲁谷东街5号，邮编：100040）
印　　刷：艺堂印刷（天津）有限公司
经　　销：各地新华书店
版　　次：2025年9月第1版第1次印刷
开　　本：787 × 1092　1/16　印张：11.5
字　　数：265千字
书　　号：ISBN 978-7-5184-5615-4　定价：49.00元
邮购电话：010-85119873
发行电话：010-85119832　010-85119912
网　　址：http://www.chlip.com.cn
Email：club@chlip.com.cn

242431J2X101ZBW

本书编写人员

主　编： 吴雄昌　刘　燕　郑建中

副主编： 梁程辉　曾德生　林晓生　杨锦冰

参　编： 谢剑锋　黄勇强　王育慧　苏晓琪

前言

在职业教育蓬勃发展的当下，烹饪专业教育正经历着深刻变革。随着餐饮行业的持续升级，市场对烹饪专业人才的要求越来越高，期望他们不仅具备扎实的基本功，还需拥有创新能力与艺术审美素养。为顺应这一趋势，满足行业对高素质烹饪人才的迫切需求，我们精心编写了这本《食品雕刻与冷拼》教材。

本教材的编写紧扣时代脉搏，以职业教育改革为导向，深度融合市场需求与教学实际。在编写过程中，我们广泛调研了烹饪行业的发展动态，分析了众多餐饮企业对人才的能力要求，同时深入了解烹饪专业学生的学习特点和成长需求。在此基础上，我们致力于将教材打造成为提升学生专业素养的有力工具，全面强化他们的雕刻技能、冷拼技能以及创新思维。

我们始终遵循“以烹饪专业人才培养目标为核心，以职业技能标准为衔接，以课程体系与课程标准为关键，以教材开发为归宿”的原则。依据烹饪专业职业技能等级证书的标准，紧密结合技能大赛的规则，把中餐烹饪岗位必备的基础知识和基本技能巧妙融入丰富多样的典型操作实例之中。这种编写方式，让学生在学习过程中能够清晰地了解行业需求，明确学习方向，快速掌握实用技能。

教材内容分为食品雕刻和冷拼技术两大模块。食品雕刻模块从基础知识入手，逐步引导学生掌握从基础雕刻到复杂综合雕刻的技巧，涵盖圆球、花卉、鱼虾、鸟类等多种雕刻对象；冷拼技术模块则围绕冷拼的理论知识、工艺基础以及各类创意拼摆展开，包括单拼、实物冷拼、花卉冷拼等内容。每个模块都精心设计了多个项目和任务，循序渐进地提升学生的实践能力。

为了让学生在学习过程中获得更好的体验，本教材具备以下显著特色。

一、创新教材形态，开启多元学习模式

本教材积极创新编写形式，联合行业大师与一线骨干教师，紧扣典型工作任务，精心打造融媒体教材。它打破传统教材的局限，兼具科学严谨与深

入浅出的特质，以图文并茂的呈现方式，融合多维、立体元素，让食品雕刻与冷拼的复杂技艺变得直观易懂。学生可借此全方位、多视角地学习，突破抽象知识的理解障碍，学习效率得以大幅提升，开启烹饪技能学习的多元模式。

二、深化思政融合，培育德艺双馨人才

紧跟教育改革潮流，本教材深度推进思政教育与专业教学融合。在“三教”改革的大环境下，突破传统学科壁垒和知识本位的束缚，将食品雕刻技艺与冷拼艺术巧妙融合，构建起技能与美学相互交融的学习体系。以真实生产项目、典型工作任务和实际案例为教学载体，在传授专业技能的同时，深度挖掘思政元素。从传统文化中的饮食美学，到烹饪大师的匠心坚守，将世界观、人生观、价值观教育融入教学细节，增强学生文化自信，培育精益求精的工匠精神，为餐饮行业输送德艺双馨的专业人才。

三、强化立体呈现，畅享便捷学习之旅

本教材采用彩色印刷，融入大量多媒体元素，为学生打造立体直观的学习场景。书中制作步骤均配备高清彩色图片，关键环节更有微课程助力。读者只需用手机扫描二维码，就能观看完整任务制作流程，实现线上线下学习无缝对接。这种便捷的学习方式，打破时间与空间的限制，学生可随时随地反复观看、学习，自主掌控学习节奏，极大提升学习的便利性，让学习过程更加轻松高效。

此外，本教材的编写得到了广东省第一批省高职院校高水平专业群（旅游管理专业群）建设项目的经费支持（立项编号：GSPZYQ2020143），也是广东省高职教育实践教学示范基地——客家菜师傅培训学院产教融合实训基地成果之一。众多专家、学者和一线教师为本书的编写提供了宝贵的指导与支持，在此，我们向他们致以诚挚的感谢。同时，我们也借鉴了大量国内已出版的相关资料，对这些资料的作者表示衷心的敬意。

本教材由河源职业技术学院吴雄昌、刘燕，佛山高明技师学院郑建中担任主编，参加编写的人员具体分工如下：模块一食品雕刻部分，深圳市深德高级技工学校林晓生编写项目一、项目二，郑建中编写项目三、项目四、项目八，河源理工学校梁程辉编写项目五、项目六（部分），河源市龙川县技工学校曾德生编写项目六（部分）、项目七内容。模块二冷拼技术部分，林晓生、刘燕编写项目一、项目二，刘燕编写项目三，刘燕、王育慧编写项目四，吴雄昌、王育慧编写项目五、项目六，郑建中编写项目七、项目八。河源职业技术学院杨锦冰、谢剑锋、黄勇强、苏晓琪参与了部分视频与图片的拍摄工作，并协助进行了资料的收集与整理。全书由吴雄昌统稿。

尽管我们在编写过程中竭尽全力，但由于能力有限，书中难免存在不足之处。我们真诚地希望各位专家、同人和广大读者能够提出宝贵的意见和建议，帮助我们不断完善这本教材，为烹饪专业教育贡献更多的力量。

编者

2025年4月

目录

模块一 食品雕刻

模块一

食品雕刻

项目一　食品雕刻基础知识

项目导学

食品雕刻历史源远流长，是我国烹饪文化中极为宝贵的传统艺术。它和木雕、玉雕之类的工艺雕刻在原理上大体相同，不过，由于所采用的原料有别、运用的技法各异，因而独具艺术魅力。食品雕刻的基础知识，是学好这门技艺的理论根基，只有全方位了解这些基础知识，才能够更进一步掌握各类食品雕刻具体品种的雕刻技法。

学习目标

知识目标

1. 了解食品雕刻的定义和作用。
2. 熟悉食品雕刻的起源与发展。
3. 掌握食品雕刻的种类、特点和表现形式。

能力目标

1. 能够熟练运用各种雕刻工具及雕刻技法，独立完成雕刻作品的制作。
2. 能根据雕刻作品的需求，准确选择合适的原料，并灵活运用食品雕刻的相关知识进行创作。
3. 熟练掌握食品雕刻成品的保存方法，根据不同场景选择恰当的保存方式以延长作品展示时间。

素养目标

1. 培养学生的工匠精神，使其严谨认真对待食品雕刻的每一个制作环节，追求卓越品质。
2. 增强学生的文化自信，引导学生感受中华民族传统文化的博大精深，领略食品雕刻艺术中蕴含的文化内涵。
3. 弘扬中华优秀传统饮食文化，提升学生对传统饮食文化的认同感和自豪感，进一步增强文化自信心。

任务1 食品雕刻定义与作用

任务导入

本任务重点在于介绍食品雕刻的定义与作用，旨在让学习者通过学习，掌握食品雕刻的理论知识，为学好食品雕刻打下理论基础。

一、食品雕刻的定义

食品雕刻，又称果蔬雕刻，是一门运用专门刀具，在新鲜可食用的原材料上，通过削、切、旋、戳、刻、挖、拉、抖等一系列精细手法与技巧，雕琢出形态美观、结构精准、造型生动的艺术形象的独特技艺。它的显著特点在于能够把普通的日常食材巧妙转化为细腻精致的艺术品，这一过程不但要求创作者具备精湛高超的技艺，而且还需要有别出心裁的构思。

二、食品雕刻的作用

食品雕刻在餐饮文化中发挥着重要作用，具体如下。

1. 美化菜肴，提升档次

食品雕刻可使普通菜肴更精致。凭借精细雕刻技艺，把果蔬等食材变为艺术品，与菜肴结合后，显著提升菜品视觉效果，进而提高菜肴档次，吸引顾客目光。

2. 装饰席面，营造氛围

食品雕刻作品常被用于宴会或宴席的桌面装饰。其既能增加席面美观度，又可凭借独特造型与色彩，增添宴会趣味性，营造出欢乐、祥和或高雅的氛围，改善宾客用餐体验。

3. 提高品质，增加效益

精美的食品雕刻有助于提升餐饮服务整体品质，让餐厅或酒店菜品更具吸引力，吸引更多顾客消费，提高餐厅知名度与口碑，从而增加经济效益。

4. 融入文化，突出主题

食品雕刻能够融入传统图案、节日符号等各类文化元素，借助雕刻作品传达特定文化寓意或宴会主题，使宴会更具文化内涵与纪念意义。

5. 展示技艺，树立形象

食品雕刻技艺的精湛与否直接体现厨师专业水平。展示精美的雕刻作品，既能彰显厨师技艺，又可提升餐厅或酒店品牌形象，扩大其在行业内的影响力，树立独特的企业形象。

三、任务思考与练习

（1）观察一场宴会，说说食品雕刻从哪些方面提升了宴会档次，以及你认为其构思妙在何处，简述理由。

（2）若你是厨师，选一个节日设计食品雕刻，思考如何融入文化元素，既能展示技艺又突出主题。

任务2　食品雕刻的起源与发展

任务导入

本任务着重介绍食品雕刻的起源与发展历程。借助学习，深入了解食品雕刻的历史渊源，激发对其的兴趣，进而为学好食品雕刻筑牢理论根基。

一、食品雕刻的起源

食品雕刻，这一源自中国的传统技艺，巧妙融合了牙雕、木雕、石雕、玉雕以及木刻等工艺美术的造型精华，宛如中华饮食文化浩瀚星空中一颗璀璨夺目的明珠，其历史源远流长，能追溯至远古时期。在古代敬神、祭祀等庄重场合，简单质朴的果蔬雕刻已悄然萌芽，用以装点、美化供品，此即果蔬雕刻艺术的雏形。

回溯至春秋时代，食品雕刻的早期形态——雕卵技艺应运而生，工匠们于蛋壳之上精心雕琢，勾勒出一幅幅栩栩如生的图案，这一技艺在《管子》《荆楚岁时记》《玉烛宝典》等古籍中均有记录。

到了隋唐时期，食品雕刻日渐盛行，取材范畴愈发宽泛，雕刻种类也趋向多样，蔬菜雕刻与瓜果雕刻平分秋色。

明清之际，食品雕刻技艺更是登峰造极，人物、禽鸟、花卉、鱼虫等雕刻佳作不断涌现，尤其瓜雕艺术，已臻化境，其中扬州瓜灯更是独领风骚，成为彼时一大亮点。

进入清朝，食品雕刻正式登上宴席，它不单是可供观赏的艺术品，更晋升为装饰艺术里的瑰宝，清宫中“吃一、看二、观三”的说法，便是对这一技艺的生动诠释。

中国的食品雕刻艺术在海外同样声名远扬，早在 1986 年，中国首次参加法国巴黎世界烹饪大赛，就凭借高超精湛的食品雕刻技艺斩获金牌，声名鹊起。日本及东南亚各国对这一技艺接纳较早，如今已然蔚然成风，几乎每道中餐都搭配雕刻，每场宴会必有雕饰。欧美各国也纷纷跟风效仿，中国食品雕刻艺术已然名扬四海，尽显风姿。

二、食品雕刻的发展

近年来，随着人民生活水平与文化素养的提高，以及中外文化交流的日益频繁，饮食行业迎来了知识结构的深度优化与从业人员素质的全面提升。在此背景下，食品雕刻艺术犹如一股清流，在传承与创新中绽放异彩。

食品雕刻的原料选用范围日益拓宽，从传统的果蔬到现代的琼脂、冰雕、面塑、泡沫、黄油乃至巧克力，无不成为雕刻师手下的神奇素材。这些原料在雕刻师的巧手下，被赋予了新的生命，展现出细腻逼真、精巧绝伦的艺术风貌。表现手法上，雕刻师们追求极致的细节刻画，将传统技艺与现代审美巧妙融合，使得每一件作品都蕴含着深厚的文化底蕴与独特的艺术魅力。

在酒店、宾馆等高端餐饮场所，琳琅满目的食品雕刻作品犹如一场视觉盛宴，为宾客带来视觉与味觉的双重享受。其中，近些年风靡的糖艺与翻糖尤为引人注目。它们以绚丽鲜艳的色彩、独特的金属光泽与高雅的造型风格，成为餐饮界的新宠。糖艺与翻糖作品不仅具备极高的观赏性，更可与果酱画巧妙结合，形成一幅幅生动的画面，既点缀了菜肴，又增添了食用的乐趣。

这种创新性的结合，不仅展现了食品雕刻艺术的无限可能，更将传统文化与现代审美完美融合，为食品雕刻行业的发展注入了新的活力。糖艺与翻糖作品的出现，不仅丰富了食品雕刻的表现手法，更拓宽了其应用领域，成为食品雕刻领域的一股新潮流。它们以其独特的艺术魅力和实用性，引领着食品雕刻艺术走向更加广阔的发展之路。

三、任务思考与练习

（1）列举明清时期食品雕刻的典型形式，并分析其特色。

（2）糖艺与翻糖结合果酱画给食品雕刻带来哪些创新变化。

任务3　食品雕刻的种类、特点和表现形式

任务导入

本任务介绍了食品雕刻的种类，其可按照原材料、功能、题材等进行详细划分，并阐述了各类食品雕刻所应用的场景；同时，还详细介绍了食品雕刻的特点与表现形式。

一、食品雕刻的种类

1. 按所用的原材料分类

在食品雕刻制作过程中，鉴于所用原料的差异性，可划分为如下类别：蔬菜雕、水果雕、琼脂雕、奶油雕、豆腐雕、面塑、泡沫雕、蛋白雕、巧克力雕、冰雕、糖艺等。

（1）蔬菜雕　选取诸如胡萝卜、白萝卜、黄瓜等多种蔬菜作为基础材料，凭借精湛的雕刻技艺，塑造出形态各异、图案丰富的作品。在中式烹饪领域，蔬菜雕常被用作菜

肴装饰元素，有效提升菜品的视觉呈现效果，彰显菜品的精致与格调（图1–1）。

（2）水果雕　充分利用水果天然的色泽特性与固有形态，通过精细雕琢，创作出精美雅致的艺术品。此类雕刻作品多见于宴会、庆典等正式场合，以桌面装饰的形式呈现，为现场营造出高雅、热烈的氛围，凸显活动的品质与规格（图1–2）。

图1–1　蔬菜雕

图1–2　水果雕

（3）琼脂雕　琼脂作为一种具备凝固特性的物质，可被巧妙运用以制作具有透明质感的雕刻成品。当装饰场景需要营造通透、灵动的视觉效果时，琼脂雕便凭借其独特的质地优势成为理想选择，为整体装饰布局增添灵动感与精致感。

（4）奶油雕　以奶油及其他乳制品为主要原料，经专业手法塑造而成的雕刻作品，其主要应用场景为蛋糕装饰领域。尤其在各类节庆活动期间，奶油雕凭借其细腻、柔美的外观特质，为蛋糕赋予浓郁的节日氛围，增强甜品的视觉吸引力。

（5）豆腐雕　依托豆腐质地柔软、细腻的特性，雕刻师运用精巧工艺雕琢出质感温润、细节丰富的作品。在素食料理范畴，豆腐雕通常发挥装饰性功效，展现素食文化独特的审美意趣，为食客带来别具一格的用餐体验（图1–3）。

（6）面塑　以面粉作为核心原材料，借助揉、捏、塑等传统手工技法，塑造出造型逼真、立体感强的形象作品。面塑在中国民间文化传承体系中拥有深厚历史底蕴，每逢传统节日庆典，它便以独特的民俗艺术形式登场，承载着民众对美好生活的祈愿，为节日增添浓郁的文化氛围（图1–4）。

图1-3　豆腐雕

图1-4　面塑

（7）泡沫雕　采用符合食品接触标准的泡沫材料制作而成，鉴于其材质轻便、可塑性强的显著优势，常被广泛应用于大型宴会、商业活动等场合，作为背景装饰的关键构成部分，助力打造气势恢宏、极具视觉冲击力的现场效果，满足大规模活动的装饰需求（图1–5）。

（8）蛋白雕　运用鸡蛋清等富含蛋白质的原材料，经精细雕琢工艺创作的雕刻作品，此类作品凭借其细腻质感与精致外观，常见于高级料理的摆盘装饰环节，与高端食材相得益彰，彰显料理的精细品质与高端定位。

（9）巧克力雕　利用巧克力为原料塑造的雕刻作品，集美观性与可食用性于一体。在甜品装饰领域，巧克力雕以其独特的醇厚质感与多样造型，不仅为甜品增添视觉亮点，同时满足食客味蕾享受，实现了美食与艺术的有机融合（图1–6）。

图1-5　泡沫雕

图1-6　巧克力雕

（10）冰雕　以冰块为基质，经雕刻师精心雕琢而成的艺术作品，多见于冷饮店、酒吧等休闲消费场所，凭借其清凉、剔透的特质为环境注入清爽氛围；在诸如婚礼等特殊仪式场合，冰雕更是以其纯净、梦幻的视觉效果，为浪漫氛围渲染增色，构筑起独特而难忘的场景记忆（图1-7）。

（11）糖艺　运用白砂糖或艾素糖、葡萄糖浆等糖料，通过加热、塑形等专业且复杂的工艺工序，精心打造出精美绝伦、美轮美奂的艺术品。糖艺作品多现身于高档餐厅、奢华宴会等高端餐饮场景，作为烹饪艺术巅峰展现的代表形式，充分诠释美食与高雅品位的完美契合（图1-8）。

这些不同类型的食品雕刻各有特色，可以根据不同的场合和需求进行选择和应用。食品雕刻不仅提升了菜肴的观赏性，还体现了烹饪艺术的魅力（图1-8）。

图1-7　冰雕

图1-8　糖艺

2. 按食品雕刻的功能分类

食品雕刻可以分为食用型、观赏型、观赏兼容器型、观赏兼食用型。

（1）食用型　这类食品雕刻主要注重食用性，虽然也具有一定的观赏价值，但更侧重于美食的呈现和口感。然而，在食品雕刻的实践中，纯粹的食用型雕刻相对较少，因为食品雕刻往往更注重其艺术性和观赏性。

（2）观赏型　这类食品雕刻主要供人欣赏，不作食用。它们通常被摆放在宴会或活动的显眼位置，以美化环境、活跃气氛。如各种花卉、动物、人物造型的看台和看盘，以及以园林风光等为主题的雕刻作品。

（3）观赏兼容器型　这类食品雕刻不仅具有观赏价值，还能作为容器使用，如西瓜盅、冬瓜罐等。它们巧妙地结合了雕刻与器皿的功能，使餐桌上的美食更加别致。

（4）观赏兼食用型　这类食品雕刻最为常见，它们既具有观赏价值，又可供食用。如用各种瓜果蔬菜刻成的小型刻品，以及蛋糕、肉糕、鱼糕等熟制品的雕刻。这些作品不仅美化了菜肴，还增添了饮食的乐趣。

需要注意的是，这些分类并不是绝对的，有些食品雕刻可能同时具有多种用途。例如，某些西瓜盅在作为容器使用的同时，其内部的果肉也是可以食用的，因此也可以被视为观赏兼食用型。

总的来说，食品雕刻的分类方式多种多样，可以根据不同的需求和场合进行选择和应用。无论是哪种类型的食品雕刻，它们都为餐桌增添了无限的创意和乐趣。

3. 按雕刻的题材分类

近几年食品雕刻技术得到了广泛的运用，而且有了很大的发展，无论在宴会上，还是在烹饪大赛赛场上，都可以看到它的踪影。有花、鸟、鱼、虾、龙、凤、人物，应有尽有。按照食品雕刻的创作题材可以分为以下几类。

（1）花卉植物类雕刻　花卉植物是食品雕刻中常见的题材，包括各种花卉植物，如牡丹、月季、菊花、荷花、大丽菊、山茶花、向日葵、梅花、竹子、椰子树、松树、桃子、玉米等。这些花卉植物雕刻不仅具有极高的观赏价值，还能为餐桌增添一抹自然之美（图1–9）。

（2）鱼虾类雕刻　鱼虾类雕刻通常用于海鲜宴或相关主题的宴会中，通常有虾、鲤鱼、螃蟹、海星、章鱼、海豚等，通过精细的雕刻技术，将鱼虾的形态栩栩如生地呈现出来，既增加了菜肴的视觉效果，也提升了整体的饮食体验（图1–10）。

（3）昆虫类雕刻　昆虫类雕刻虽然相对较少见，但在某些特定主题的宴会或活动中，如自然主题宴会等，昆虫雕刻也能成为一道亮丽的风景线。

图1–9　花卉植物类雕刻

图1–10　鱼虾类雕刻

（4）禽鸟类雕刻　禽鸟类雕刻在食品雕刻中占据重要地位，包括各种鸟类如凤凰、孔雀、鸽子等。这些雕刻作品不仅形态逼真，还寓意着吉祥和美好（图1–11）。

（5）畜兽类雕刻　畜兽类雕刻通常用于大型宴会或庆典活动中，如龙、虎、狮等猛兽的雕刻，以及牛、羊、猪等家畜的雕刻。这些作品不仅展示了雕刻师的精湛技艺，还体现了对传统文化的尊重和传承（图1–12）。

（6）建筑类雕刻　建筑类雕刻在食品雕刻中较为独特，通常用于模拟古代建筑或现代建筑的结构和风格。这些雕刻作品不仅具有极高的艺术价值，还能为宴会增添一份历史感或现代感（图1–13）。

（7）器物类雕刻　器物类雕刻包括各种日常用品和器皿的雕刻，如篮子、花瓶、酒杯等。这些雕刻作品不仅实用性强，还具有极高的观赏价值（图1–14）。

图1–11　禽鸟类雕刻

图1–12　畜兽类雕刻

图1–13　建筑类雕刻

图1–14　器物类雕刻

（8）人物类雕刻　人物类雕刻是食品雕刻中最为复杂和精细的题材之一，包括历史人物、神话人物、现代人物等。这些雕刻作品不仅要求形态逼真，还要求表情生动、服饰华丽，以展现人物的个性和风采（图1–15）。

图1–15　人物类雕刻

总的来说，食品雕刻技术的广泛应用和多样性发展，不仅为餐桌增添了无限的创意和乐趣，还促进了烹饪艺术和传统文化的传承与发展。

二、食品雕刻的特点

食品雕刻，作为烹饪技术与艺术的结晶，其精湛之处在于能够利用瓜果、蔬菜等可食用原料的色、形、质，创造出形态各异、色彩斑斓的艺术品。这些作品不仅形态逼真，能够勾画出自然景物和人物的特征，还通过精湛的雕刻技艺，将事物的优美展现得淋漓尽致，将人们带入一个深邃的艺术境界，其主要特点如下。

1. 选料精细

食品雕刻选用的大多数原料必须是新鲜、洁净卫生，且具有可塑性的、能够食用的烹饪原料。常见的原料包括南瓜、西瓜、萝卜、黄瓜等瓜果蔬菜，这些原料不仅质地脆嫩，易于雕刻，而且色彩丰富，能够呈现出多种视觉效果。

2. 瞬间价值的生命力

食品雕刻展示时间短，通常只能一次性使用，不能重复利用和长期保存。因此，食品雕刻作品必须现用现雕，以确保其最佳的呈现效果。这种短暂的艺术生命力也赋予了食品雕刻独特的价值和意义。

3. 技术性强

由于食品雕刻的原料水分大，质地脆嫩，所以要求雕刻者刀法纯熟、技艺精湛、操作速度快捷。雕刻者需要掌握多种刀法，如刻、挑、雕、削、刮、剔等，并灵活运用这些刀法来塑造出各种生动的形象。

4. 艺术性高

食品雕刻的目的是装饰席面、美化菜肴，因此雕刻作品应该造型优美、形象生动、刀法精确、色调明快。这些作品不仅具有实用价值，更是一件件精美的艺术品，能够让用餐者在品尝美味的同时，在视觉上、情感上得到美的享受。

5. 表现题材丰富多样

食品雕刻的题材广泛，包括花卉、鱼虾、昆虫、禽鸟、畜兽、建筑、器物和人物等多种题材。这些题材的选择不仅与宴席的主题相符，还能营造出和谐融洽的宴会气氛。

6. 观赏性和食用性相结合

某些食品雕刻作品不仅可供欣赏，而且还可以食用。例如，用番茄、青椒、熟鸡蛋等原料雕刻成的花篮、小盒等造型，装上肉馅、鱼蓉、虾仁等食材后，加工成熟后即可成为一道既美观又美味的美食。

7. 文化性、民族性和现代性

食品雕刻还蕴含着丰富的文化内涵和民族特色。不同地区、不同民族的食品雕刻作品往往具有独特的风格和特点，反映了当地的文化传统和民俗风情。同时，随着时代的发展，食品雕刻也在不断创新和发展，融入了更多的现代元素和时尚气息。

综上所述，食品雕刻具有选料精细、瞬间价值的生命力、技术性强、艺术性高、表现题材丰富多样、观赏性和食用性相结合以及文化性、民族性和现代性等特点。这些特点使得食品雕刻在烹饪艺术中独树一帜，成为一道亮丽的风景线。

三、食品雕刻的表现形式

1. 浮雕

浮雕是指在原料表面雕刻出向外凸出或向里凹进的图案，分为凸雕（阳纹雕）和凹雕（阴纹雕）两种。

（1）凸雕　将画面之外的多余部分刻掉，留有“凸”形图案，高于原料表面。这种方法比较费力，但效果立体且生动，适合刻制亭台楼阁、人物、风景等复杂图案。

（2）凹雕　用V形刀在原料表面戳出V形的线条图案，形成凹进的视觉效果。凹雕在操作时较为方便，适合表现简洁的线条和图案。

2. 镂空雕

镂空雕是在浮雕的基础上，将画面之外的多余部分刻透，形成镂空效果。这种雕刻形式能够更生动地表现出画面的图案，如“西瓜灯”等作品就是镂空雕的典范。

3. 整雕

整雕是指用一块整体原料雕刻成一个完整独立的立体造型。整雕作品具有整体性和独立性，立体感强，不需要辅助支持即可单独摆设。常见的整雕作品有鲤鱼戏水、凤凰牡丹、月季花、荷花等，这些作品造型优美，色彩鲜艳，具有较高的欣赏价值。

4. 组合雕（零雕整装）

组合雕（零雕整装）是用多块原料（一种或多种不同的原料）分别雕刻出某一作品的各个部位（部件），再将这些部位（部件）组装成一组完整而复杂的群像造型。这种雕刻形式能够突破原料大小、色彩的限制，创作出色彩鲜艳、形态逼真的大型作品。如鹤鹿同寿、天女散花等作品就是组合雕的佳作。

5. 平雕（线雕刻、平面雕刻）

平雕是在原料表面进行平面雕刻或线雕刻，形成二维的图案或线条。这种雕刻形式相对简单，但同样能够展现出食雕师的技艺和创意。

6. 混合雕刻

混合雕刻是结合以上多种雕刻形式进行创作的复杂作品。这种作品往往融合了浮雕、镂空雕、整雕等多种技法，呈现出丰富多彩的视觉效果和独特的艺术魅力。

食品雕刻的表现形式多种多样，每一种形式都有其独特的魅力和应用价值。在实际创作中，食雕师可以根据宴席的主题、食材的特性以及个人的创意和技艺水平选择合适的雕刻形式进行创作。

四、任务思考与练习

（1）列举三种适合夏季户外宴会的食品雕刻种类，并说明理由。

（2）简述浮雕中凸雕与凹雕的操作区别，举例说明适用场景。

（3）观察一场宴会，分析其中食品雕刻如何体现文化性。

项目二　食品雕刻工艺基础

项目导学

掌握食品雕刻艺术的核心要点至关重要，首先，熟练使用各种刀具，如平口刀、U形刀、V形刀，并对它们进行恰当的保养；其次，精心挑选原料，确保根据雕刻品的形状来调整材料的质地和水分含量；再次，精通各种雕刻技术，包括浮雕、镂空雕、透雕等，以及刀具使用的力学原理；最后，了解如何妥善保存成品，利用低温冷藏或食品级密封材料来保持作品的形态和感官特性。只有精通这些基础技巧，我们才能确保食品雕刻学习的顺利进行。

学习目标

知识目标

1 了解食品雕刻工具的种类、用途和保养方法。

2 掌握食品雕刻常用原料的分类、特性及选用方法。

3 熟悉食品雕刻常见的六种雕刻技法和四种执刀手法，以及雕刻成品的保存方法。

能力目标

1 能够熟练运用各种雕刻工具及雕刻技法，根据雕刻需求选择合适工具。

2 能依据雕刻作品的造型、大小、色泽等要求，精准挑选合适的原料，并独立完成雕刻作品制作。

3 熟练掌握食品雕刻成品的多种保存方法，根据实际场景选择恰当保存方式。

素养目标

1 培养学生的工匠精神，使其在食品雕刻制作环节中严谨认真，追求作品的卓越品质。

2 增强学生的文化自信，通过领略食品雕刻艺术，感受中华民族传统文化的博大精深。

3 弘扬中华优秀传统饮食文化，提升学生对传统饮食文化的认同感与文化自信心。

任务1 雕刻工具种类、用途和保养

任务导入

工欲善其事，必先利其器。本任务重点在于介绍各类雕刻工具，旨在让大家深入了解不同雕刻工具的具体种类、各自用途以及保养知识。

一、雕刻工具种类及用途

俗话说得好："手巧诚然可贵，但精良的工具更是锦上添花。"在食品雕刻这一精细的艺术领域中，刀具的性能更是被提升到了至关重要的地位。一把锐利无比的刀具，能够令雕刻作品线条流畅、轮廓分明，使整体效果更加出色。

根据刀具的多样用途，可以分为十余种不同的类型。而在日常的食品雕刻实践中，常用的刀具主要是大切刀、主刀、拉刻刀、戳刀、模具以及挖球器等。

1. 大切刀（又称分刀）

大切刀的形态与水果刀相仿，刀头尖利，长度为12～20厘米。材质上，以锋钢为佳，白钢则更为优越，刀身设计得较为轻薄。这把刀具主要用于大型切割作业，如平整接口、切段、切块、切条、切丝，以及对食材进行横切、纵切、斜切等多种切割方式。它特别适用于处理切削面积较大的原料，同时也是雕刻泡沫材料时不可或缺的常用工具。在花色冷拼的制作过程中，大切刀更是扮演着举足轻重的角色，是不可或缺的重要工具（图1–16）。

2. 主刀（又称平面刻刀、尖刀）

主刀是食品雕刻的核心工具，长6～8厘米，宽0.8～1.2厘米，厚1.2毫米，白锋钢锻造，窄而尖，强度与灵活性兼备，可应对复杂雕刻需求，适用于各类雕刻作品，被誉为“万用刀”，其锋利流畅、转弯自如，在熟练雕刻师手中可独立完成令人赞叹的作品，展现技艺与创意（图1–17）。

3. 刨刀

刨刀分为横刨刀与竖刨刀两大类，它们的主要功能是用于精细地刨削果蔬的外层表皮，比如削去萝卜、南瓜等食材的外皮。在使用刨刀时，操作者需以左手托住原料的下端，确保其稳定不动，右手则紧握刀柄，自原料的后方开始，向内侧平稳而连续地进行削皮作业（图1–18）。

4. 圆口戳刀（又称U形戳刀）

根据开口尺寸的差异，圆口戳刀可被细分为5～8种不同型号，但为了便于说明，这里我们将其归纳为以下三种主要型号进行介绍（图1–19）。

（1）小号圆口戳刀　这款刀具以其精细的开口尺寸而著称，主要用于雕刻细腻复杂

图1–16　大切刀

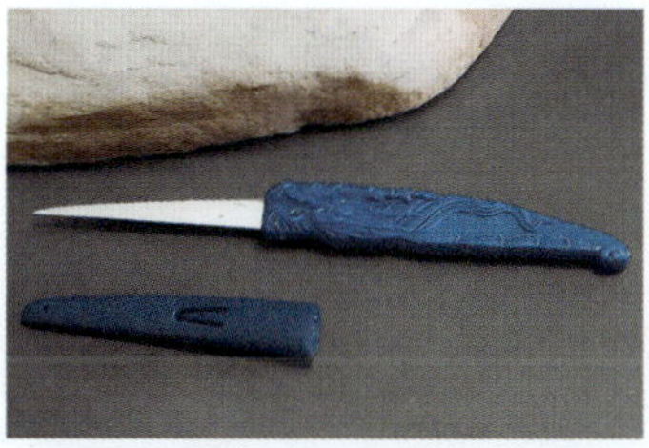

图1–17　主刀

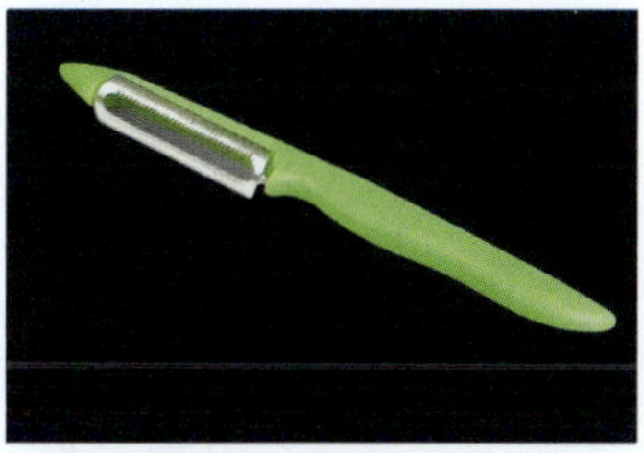

图1–18　刨刀

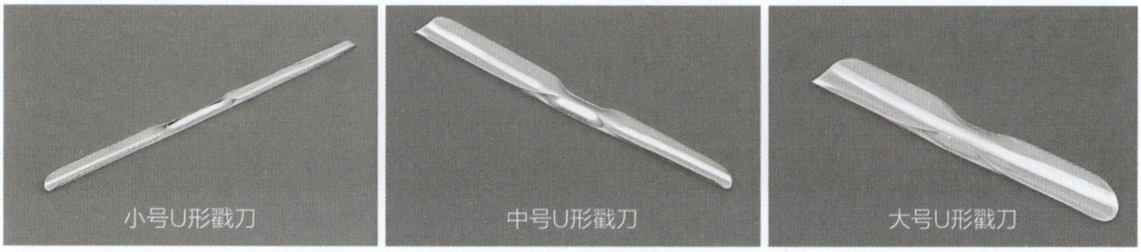

图1–19　圆口戳刀

的图案。它擅长戳制花卉的花心，打造精致的凹槽，以及旋刻动物的眼睛和鸟类细腻的羽毛等。

（2）中号圆口戳刀　作为圆口戳刀系列中的“万能选手”，中号戳刀在日常雕刻中极为常用。它适用于戳制各种花卉的花瓣，如菊花、西番莲等，同时也能轻松处理鸟类翅膀上的羽毛，以及各种弧形和圆形部位的雕刻。

（3）大号圆口戳刀　与小号和中号圆口戳刀在基本用法上相似，但大号戳刀凭借其更大的开口尺寸，更适合于处理更为宽阔或需要更强力戳制的部位。

5. 三角口戳刀

三角口戳刀又称为V形戳刀、尖口戳刀或三角戳刀，其刀刃的横断面巧妙地设计成三角形，这一独特设计使其特别适用于雕刻那些带有齿边装饰的花卉、细腻逼真的鸟类羽毛，以及浮雕作品上的复杂花纹等。在使用时，执刀的方法与圆口戳刀并无二致（图1–20）。

6. 挑环刀

挑环刀又称拉环刀，这款刀具的特色在于其刀口设计有带钩的部分，这一独特构造使其成为雕刻西瓜灯时执行拉环雕刻工艺的常用之选。

7. 小号拉刻刀（V形）

小号拉刻刀能够精细地拉刻出细线、毛发、鳞片、翅膀的纹理、尾羽的轻盈、衣服的褶皱、瓜盅的优雅线条以及各种文字等，其应用范围极为广泛，几乎一切需要细线图形的雕刻场景，拉刻刀都能游刃有余地应对，具有很好的雕刻效果（图1–22）。

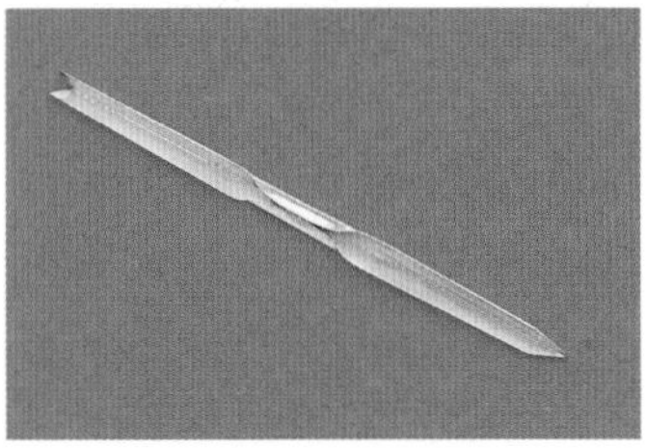

图1-20　三角口戳刀

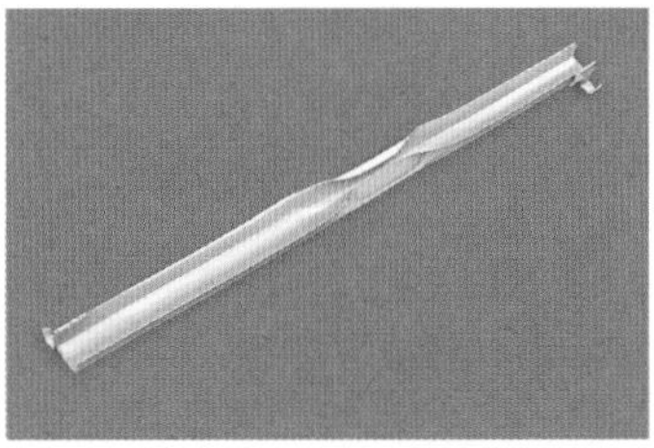

图1-21　挑环刀

图1-22　小号拉刻刀

8. 中号拉刻刀（U形）

中号拉刻刀能够灵活地拉刻出中线、凹槽、文字，以及用于初步定型（即打坯型）和去除多余废料。此外，中号拉刻刀还是刻画衣服褶皱、翅膀纹理、瓜盅线条等中型线条的理想选择，其应用范围极为广泛。在雕刻人物和动物的脸部轮廓时，中号拉刻刀更是不可或缺，它能够精准地勾勒出脸部的肌肉纹路，使作品更加栩栩如生，充满生动感（图1–23）。

9. 大号拉刻刀（U形）

大号拉刻刀能够轻松地拉大线条，刻画出鸟类翅膀的壮阔形态，同时也适用于初步定型（即打坯型）和塑造骨骼结构。此外，大号拉刻刀还能巧妙地处理衣服的摆动幅度，为作品增添动感。在去皮、拉刻花卉图案以及书写大号文字等方面，大号拉刻刀同样表现出色，它能够轻松地应对一切大型线条的雕刻需求（图1–24）。

10. 六边形拉刻刀

这款刀具又有一个别致的名字——“留一手”拉刻刀，其独特的设计使得它在雕刻艺术中展现出非凡的才华。无论是细腻的人物毛发、动物胡须，还是生动的鳞片、衣服的褶皱，甚至是瓜盅的优雅线条，六边形拉刻刀都能游刃有余地应对。此外，它还能轻松书写文字，拉刻出逼真的青草和叶片，效果堪比主刀，展现出极广的用途（图1–25）。

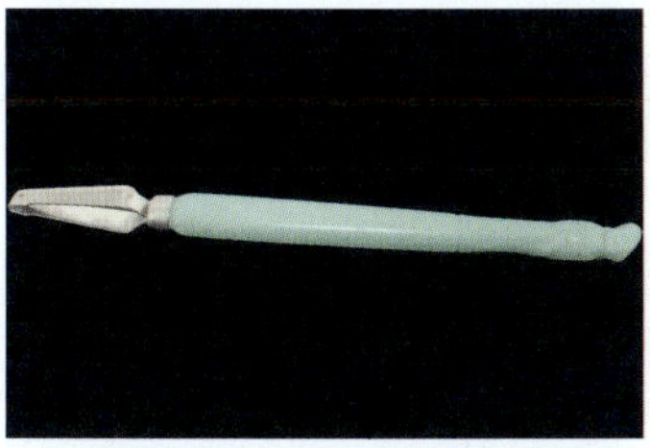

图1–23　中号拉刻刀

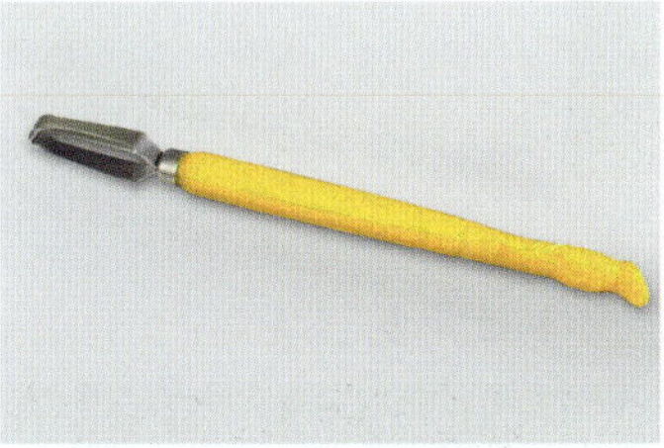

图1–24　大号拉刻刀

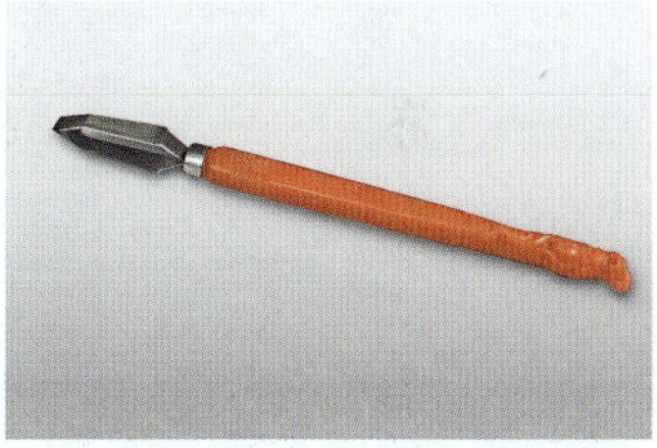

图1–25　六边形拉刻刀

11. O形拉刻刀

O形拉刻刀根据其尺寸大小，可细分为五个及以上不同型号，每一款都各具特色。它们擅长拉刻出流畅的半弧形线条，以及模拟水珠的圆润形态。同时，这些刀具还能轻松挖掘出圆形的深洞，精准地勾勒出人物和动物的脸部轮廓，以及处理如鼻孔、耳凹等细微部位（图1–26）。

12. 多边形拉刻刀

包括P形、平三角形及斜三角形等多种形态，这些刀具主要作为辅助性拉刻工具存在，各自擅长“走”（即拉刻）出与之匹配的线条和文字等图案（图1–27）。

13. 双线拉刻刀

双线拉刻刀以其独特的设计，能够同时拉出两条平行且均匀的线条，这一特性不仅显著提升了雕刻速度，还确保了线条及其间距的一致性。该系列刀具进一步细分为窄双线、宽双线等多种类型，以满足不同雕刻需求（图1–28）。

14. 矩形拉刻刀

矩形拉刻刀，以其独特的矩形刀口设计，成为快速食雕中不可或缺的雕刻工具。它擅长拉刻出清晰的台阶线条，以及模拟城墙、宝塔等建筑元素的方形凹槽和砖孔，为雕刻作品增添了一份工整与立体感（图1–29）。

15. 挖球器

挖球器中间有舒适手柄，手柄两端连接一大一小两个半圆球形不锈钢金属勺，每个金属勺底部都有小圆孔，这一设计既美观又让挖球器具备挖取圆球、开槽、挖制孔洞等多重功能（图1–30）。

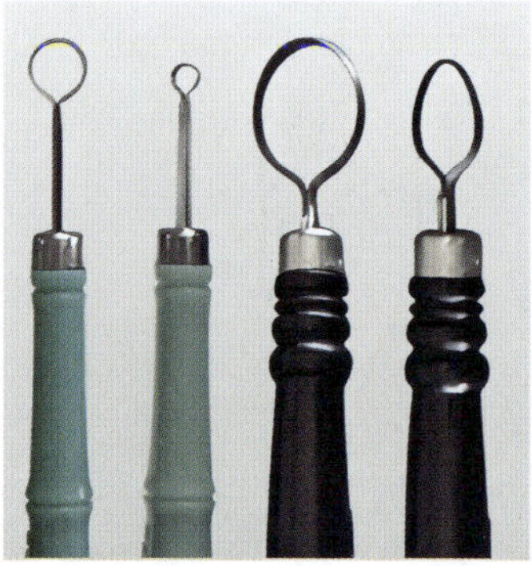

图1–26　O形拉刻刀

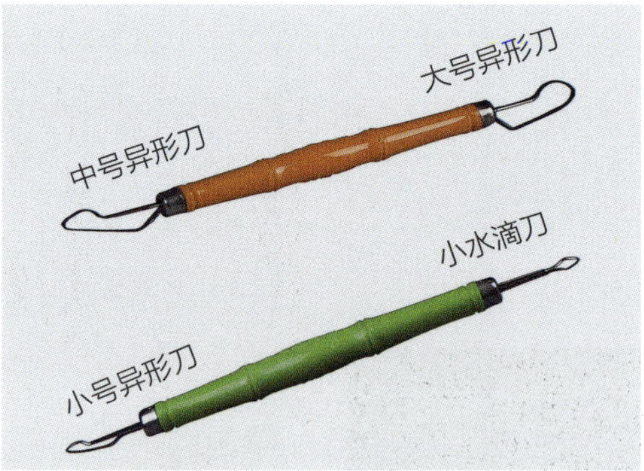

图1–27　多边形拉刻刀

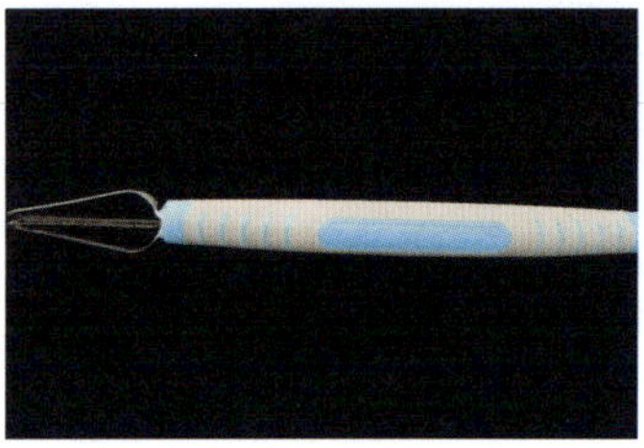

图1–28　双线拉刻刀

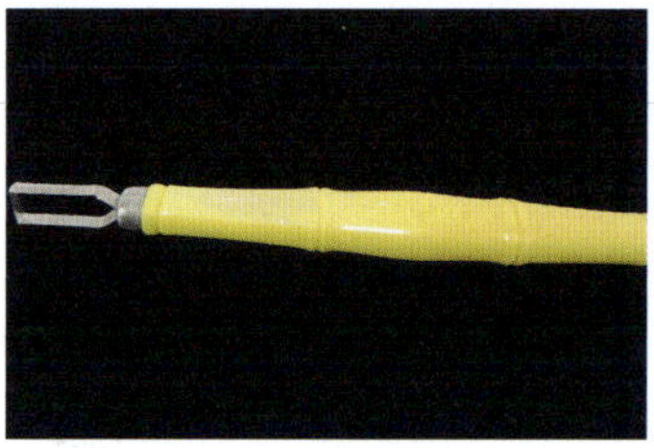

图1–29　矩形拉刻刀

图1–30　挖球器

16. 双刃弯刀

其独特的弯刀形状，刀刃具有一定弧度，在雕刻一些具有曲线美感的部位时能发挥优势。比如雕刻花卉的花瓣卷曲形态、鸟类翅膀上羽毛的弧度等，能够顺着弯刀的弧度进行精细的切削、雕琢，让细节之处更显自然逼真，将原本相对平面、生硬的食材表面变得生动且富有层次感（图1–31）。

17. 模具

模具，作为一种精密的成型工具，是通过将不锈钢条依据特定动物或物体的轮廓形状进行精细弯折而制成的空心模型，模具的边缘有锋利的刀口（图1–32）。

18. 其他雕刻工具

502胶水、水溶性笔、牙签、仿真眼等（图1–33）。

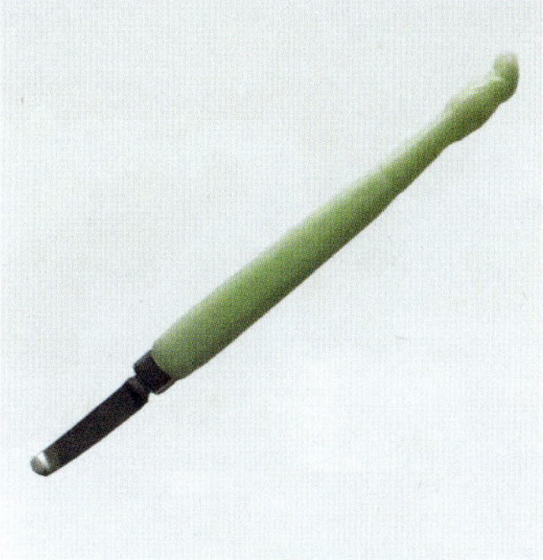

图1-31　双刃弯刀

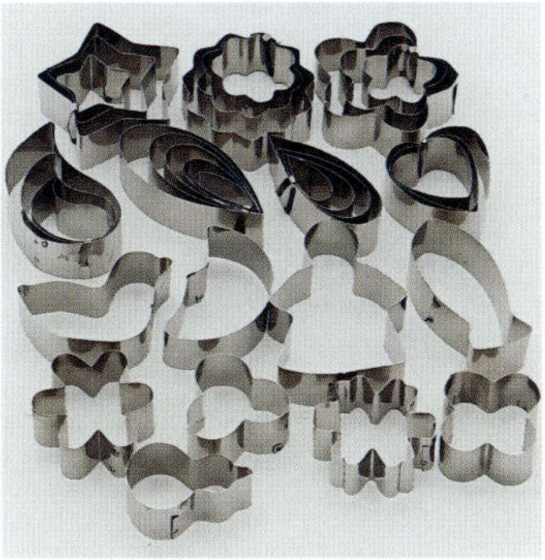

图1-32　模具

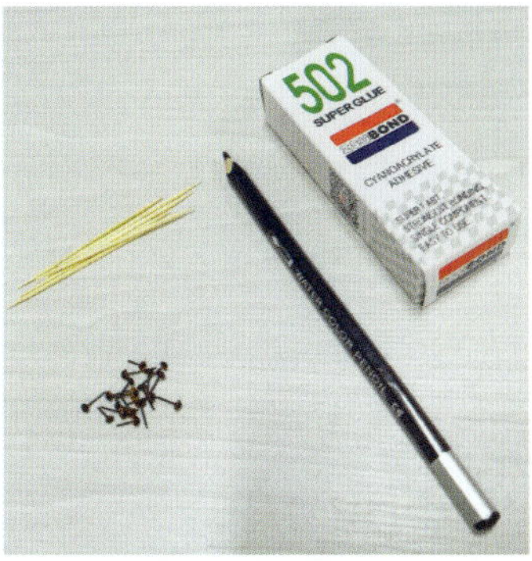

图1-33　502胶水、水溶性笔、牙签、仿真眼

二、雕刻工具的保养

食品雕刻工具的保养是确保其长期保持良好状态、提高雕刻效率和作品质量的关键环节。以下是一些关于食品雕刻工具保养的建议。

1. 清洁

及时清洁：每次使用完食品雕刻工具后，应立即进行清洁，以避免食物残渣和污渍附着在刀刃上，影响下一次的使用。

清洁方法：用清水冲洗刀片，并用软布或海绵轻轻擦拭，避免使用硬质刷子或研磨性清洁剂，以免损伤刀刃。清洁后，将工具晾干，避免水分残留导致锈蚀。

2. 保持锋利

定期磨刃：食品雕刻工具需要保持锋利的刀刃才能更好地完成切割和雕刻工作。因此，应定期使用磨刀石或磨刀工具对刀刃进行磨砺。

磨刃技巧：磨砺刀刃时，要注意角度和力度的掌握，以免损坏刀刃。一般来说，磨刀时应保持刀刃与磨刀石之间的角度一致，并施加适当的压力。

3. 防止锈蚀

干燥存放：食品雕刻工具在使用完毕后，应妥善存放于干燥通风的地方，避免阳光直射和潮湿环境，以减少锈蚀的风险。

防锈处理：对于长期不使用的工具，可以在其表面涂抹一层薄薄的防锈油或凡士林，以进一步防止锈蚀。

4. 安全存放

专用保护套：将刀片放入专用的保护套或剪刀卡中，以防止刀刃碰撞和损坏。

避免阳光直射：存放工具时，应避免阳光直射，以免刀刃因高温而变形或损坏。

定期检查：定期检查工具的刀刃、手柄和连接部分是否完好，如有损坏或松动，应及时修复或更换。

5. 使用注意事项

操作前检查：在使用食品雕刻工具之前，应检查工具的刀刃是否锋利、手柄是否牢固、连接部分是否紧密，以确保操作过程中的安全。

个人防护：在操作过程中，应穿戴合适的个人防护装备，如护目镜、手套等，以避免意外伤害。

避免过度压力：在使用工具时，应避免对工具施加过大的压力，以免损坏工具或造成安全隐患。

通过正确的保养方法，可以延长食品雕刻工具的使用寿命，提高雕刻效率和作品质量。

三、任务思考与练习

（1）观察大切刀、主刀等刀具，思考其形态差异，举例说明各自最适合的雕刻场景。

（2）模拟清洁保养流程，思考若不及时擦干工具会有何后果。

（3）回顾操作注意事项，假设刀具在使用中卡顿，正确的处理方法是什么？

任务 2 雕刻原料的种类与选用

任务导入

本任务着重介绍食品雕刻所需的原料以及如何进行选用。重点强调原料的选择对于雕刻作品质量的重大影响，在选择原料时，需从造型、大小、色泽等多个方面加以考量。

食品雕刻原料的选择，直接影响雕刻作品的质量，因此，在选择原料时应从造型、大小、色泽等方面着手，这样才能雕刻出理想的作品来。适用于食品雕刻的原料很多，具有一定的可塑性，色泽鲜艳、质地细密、坚实脆嫩、新鲜不变质等特点的各类瓜果及蔬菜均可。另外还有很多能够直接食用的可塑性食品也可以作为食品雕刻的原料。

介绍几种比较常见的食品雕刻原料的性质及用途。

一、根茎类原料

1. 心里美萝卜

心里美萝卜又称水萝卜花心萝卜，最重要的特点是色泽鲜艳、质地脆嫩、外皮呈绿色、肉呈粉红、玫瑰红或紫红色。由于它的颜色与某些花卉相似，所以雕刻出的花形逼真。如紫玫瑰、紫月季、牡丹、菊花。除了用于雕刻各种花卉，它还可以雕刻一些鸟类的点缀物，如头冠、尾羽等（图1-34）。

2. 根甜菜

根甜菜又称红菜头、甜菜根、紫菜头、火焰菜，为十字花科二年生草本植物，根皮、根肉均呈紫红色、横切面有紫色环纹，它是菜肴装饰点缀及雕刻的良好原料（图1-35）。

3. 天津青萝卜

天津青萝卜又称卫青萝卜，是沙窝萝卜、葛活萝卜和灰堆萝卜的统称，为十字花科两年生草本植物、呈细长圆筒形、尾端玉白、皮青肉绿、质地脆嫩、形体较大、极耐贮藏。它适用于雕刻形体较大的龙凤、兽类、风景、孔雀、龙舟、凤舟、人物及花卉和花瓶等（图1-36）。

4. 白萝卜

白萝卜又称莱菔、罗服、荠根、为十字花科两年生或一年生草本植物，呈圆锥、圆球、长圆锥等形态，选择时以外皮光滑、无开裂分支无畸形、无黑心、不抽薹、无糠心者为佳。在食品雕刻中应根据所雕刻物的形状选择不同形状的白萝卜，它是雕刻鹤、宝塔、桥等的常用原料（图1-37）。

5. 胡萝卜

胡萝卜又称红萝卜，胡萝卜肉质细密、质地脆嫩、颜色鲜艳、最适宜雕刻点缀的花卉及小型的禽鸟、鱼、虫等各种盘饰作品及展台作品（图1-38）。

图1-34　心里美萝卜

图1-35　根甜菜

图1-36　天津青萝卜

图1-37　白萝卜

图1-38　胡萝卜

6. 马铃薯

马铃薯又称土豆、洋芋、洋山芋、山药蛋，肉质细腻、有韧性、没有筋络，多呈中黄色或白色，选择时以形大而均匀整齐、皮薄光滑、芽眼浅、肉质细密者为佳。它适合雕刻花卉、人物、小动物等（图1–39）。

7. 茎用莴苣

茎用莴苣又称青笋、莴笋、白笋等，为菊科草本植物莴苣的嫩茎，呈长圆筒形或长圆锥形，肉质细嫩且润泽如玉、多为翠绿色、也有白色泛淡绿的，选择时以茎粗大、节间长、质地脆嫩、无枯叶空心者为佳。它可用于雕刻翠鸟、菊花、各种小花、各种图案，以及手镯、服饰、绣球、青蛙、螳螂、蝈蝈等（图1–40）。

8. 红薯

红薯又称番薯，是常见的多年生双子叶草本植物，其蔓细长茎匍匐地面，肉质呈粉红色或浅红色，有的也呈白色或有美丽的花纹，质地细韧致密，可用于雕刻各种花卉、动物、人物和假山等（图1–41）。

9. 洋葱

洋葱又称为葱头、球葱，为百合科草本植物，它可用于雕刻荷花、垂莲、玉兰花、小型菊花等（图1–42）。

图1–39 马铃薯

图1–40 茎用莴苣

图1–41 红薯

图1–42 洋葱

10. 苤蓝

苤蓝又称圆根，为十字花科二年生草本植物，呈圆形或扁圆形，肉厚、皮和肉均呈淡绿色，可用于雕刻花卉、小鸟等（图1-43）。

11. 芋头

芋头又称芋根等，原产于东南亚，我国栽培较多。地下肉质球茎呈圆、椭圆或长条形，皮薄粗糙，呈褐色或黄褐色，肉质细嫩，多为白色或白色带紫色花纹，雕刻中运用较多，芋头适合雕刻人物禽兽及大型组合雕刻（图1-44）。

图1-43　苤蓝

图1-44　芋头

二、瓜果类原料

1. 西瓜

西瓜为葫芦科，是夏季优良果品，呈圆形、长圆形、椭圆形，西瓜品种很多，按其外表颜色可分为绿色皮瓜，黑色皮瓜、深绿色皮瓜、花皮瓜、黄皮瓜。由于其果肉水分过多，故一般是掏空瓜瓤，利用瓜皮雕刻西瓜灯或西瓜盅（图1-45）。

2. 冬瓜

冬瓜为葫芦科一年生蔓生或架生草本植物，原产于我国南部和印度。可以进行与西瓜相似的浮雕创作，主要用来雕刻大型的冬瓜盅、花篮及甲鱼背壳和大型的龙船等（图1-46）。

3. 南瓜

一般常用长条形和圆形南瓜进行雕刻。长条形南瓜又有牛腿瓜之称，是雕刻大型食品雕刻作品的上佳材料。用南瓜雕刻的作品色泽滑润、细腻而柔和、美观而显气魄。南瓜适合雕刻黄颜色的花卉、各种动态的鸟类、大型动物等，空心的南瓜可用来刻瓜盅、瓜灯、编织鱼篓、篮筐。因此南瓜是食品雕刻的理想材料（图1-47）。

4. 番茄

番茄品种繁多，依据其形状可细分为圆形、扁圆形、长圆形及桃形四大类；而按颜色划分，则有大红、粉红、橙红及黄色等多个品种。在食品雕刻领域，番茄主要被用于利用其表皮及外层果肉，以雕琢出简约而雅致的花卉造型，诸如荷花、单片花瓣花朵等。

5. 苹果与梨等水果

苹果与梨等水果因其质地坚实且形状规整，非常适合用来雕刻成盅状容器、精美的盒子，或是作为盘边装饰的点缀（图1–49）。

图1-45　西瓜

图1-46　冬瓜

图1-47　南瓜

图1-48　番茄

图1-49　苹果

三、叶菜类原料

1. 大白菜

大白菜的叶子宽大且质地脆嫩，适合雕刻一些较大的花卉造型，如菊花等。同时，它也可以作为花坛或盆景的填衬物，增加整体的美观度（图1–50）。

2. 油菜（小白菜、青菜、上海青等）

油菜的叶子较小但颜色鲜绿，适合雕刻一些小型的花卉或作为装饰性的点缀。其精致的造型和鲜亮的颜色能够为食品雕刻作品增添一份生动与活力（图1–51）。

图1-50　大白菜

图1-51　油菜

四、其他原料

1. 鸡蛋糕

鸡蛋糕因其色彩丰富（红、白、黄、绿等），质地均匀细腻，且着色一致，非常适合用于食品雕刻。在选择时，要注意原料的面积和厚度适中，以确保雕刻出的作品既美观又稳定。鸡蛋糕常被用来雕刻龙头、凤头、孔雀头等复杂的动物头部形象，以及亭阁、较简单的花卉等装饰性图案（图1–52）。

2. 整蛋

整蛋通常用于制作各种蛋雕作品。通过巧妙的切割和雕刻技巧，可以在蛋壳上呈现出精美的图案和文字。整蛋雕刻不仅考验雕刻师的技艺，还需要对蛋壳的脆弱性有深入的了解，以确保雕刻过程中的稳定性和安全性（图1–53）。

图1-52　鸡蛋糕

图1-53　鸡蛋

3. 琼脂

琼脂是一种透明或半透明的食品原料，因其质地柔软、易于塑形和切割，常被用于制作各种精美的食品雕刻作品。琼脂可以制作出各种复杂的立体造型和图案，如花朵、建筑、人物等。同时，琼脂还可以与其他食品原料结合使用，创造出更加丰富的视觉效果（图1–54）。

4. 黄油

黄油虽然质地较软，但在适当的温度下，它也可以被用来进行简单的食品雕刻。黄油雕刻通常用于制作各种装饰性图案和文字，如节日祝福、公司名称等。由于黄油容易融化，因此在进行雕刻时需要注意控制温度和保持手的干燥（图1–55）。

5. 豆腐

豆腐是一种质地细腻、易于雕刻的食品原料。它通常用于制作各种简单的立体造型和平面图案。豆腐的雕刻需要较高的技艺和精准度，因为豆腐的质地较为脆弱，容易在雕刻过程中破裂。然而，通过巧妙的技巧和适当的力度控制，豆腐也可以被雕刻出精美的作品（图1–56）。

这些食品原料在食品雕刻中各有其独特的应用和特点。选择适合的原料和雕刻技巧是制作出精美食品雕刻作品的关键。

图1–54 琼脂

图1–55 黄油

图1–56 豆腐

五、任务思考与练习

（1）观察心里美萝卜与胡萝卜，思考二者色泽、质地的差异，举例说明适合雕刻的不同作品。

（2）对比西瓜、冬瓜，分析掏空创作的异同，想想怎样依需求选原料做容器类雕刻。

（3）试选叶菜类原料，考虑白菜、油菜特点，构思如何搭配根茎类、瓜果类完成组合雕刻。

任务3 雕刻的基础技法

任务导入

在美食的世界里，美味与精致的摆盘向来相得益彰，而食品雕刻更是其中的关键一环。本次任务着重介绍食品雕刻常见的六种雕刻技法，同时，还会详细讲解四种执刀手法，以便让大家从技法的运用到持刀操作的各个要点全方位了解食品雕刻。

一、常见的雕刻技法

1. 切

切，在食品雕刻领域属于首先要掌握的基础加工手段，一般借助菜刀或者专业雕刻刀加以完成，把原料切割出大致的轮廓形态，为后续精细雕琢打下根基。下刀时务必精准，最大限度地剔除无用部位，提高雕刻效率（图1–57）。

2. 刻

刻，在食品雕刻中，应该属于精加工环节，它专注于雕琢作品局部的细腻形态，以赋予作品更加生动与精致的面貌。雕刻师主要通过手指与手腕的灵活运动来控制刀具，精准地去除多余的材料（图1–58）。

3. 削

削，是一种辅助手法，因所用工具的不同而呈现出细微的差异。当采用菜刀或打皮刀进行削制时，其主要目的在于将原料的外皮或粗糙表层彻底清除干净。在削的过程中，要注意持刀手的大拇指应抵住原料，使运刀更稳，下刀更准（图1–59）。

4. 戳

戳，是常用的雕刻手法，在戳的过程中，戳刀以一定的倾斜角度斜插入原料表面，随后持刀之手稳稳地推动刀具向前行进，以此塑造出诸如沟槽、细丝、长条等多种形态的精细加工效果。这一技法常被用于创作如菊花花瓣的细腻纹理，或是模拟鸟类羽毛的自然形态等（图1–60）。

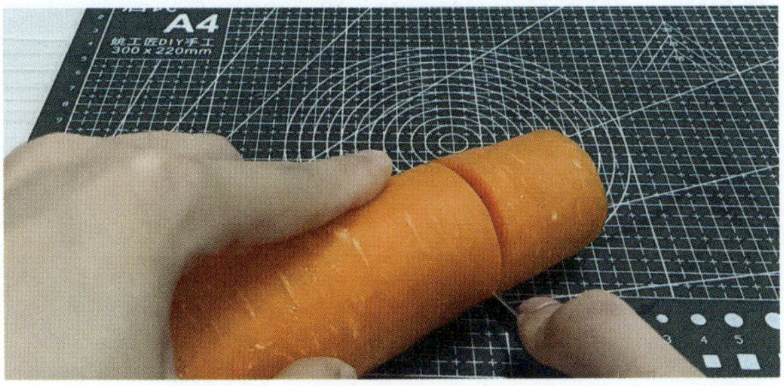

图1–57 切

图1–58 刻

5. 旋

旋，是一种用途较广的雕刻手法。它不仅能够独立旋刻牡丹这样的精美作品，同时也是各种雕刻作品中所必需的一种辅助手段。在实际操作中，通常左手紧握原料，右手稳健持刀，刀刃以适当的角度倾斜向下（图1–61）。

6. 挤压

挤压是一种比较简单的手法，主要运用在模型刀具上，是用模具将原料刻成实体模型或挤压成型。再操作时，将原料放在案板上，左手拿模具，刀口向下对准原料，右手手掌用力向下挤压下去，然后取出模型中的原料即可，如挤压天鹅、蝴蝶、海豚、椰树等（图1–62）。

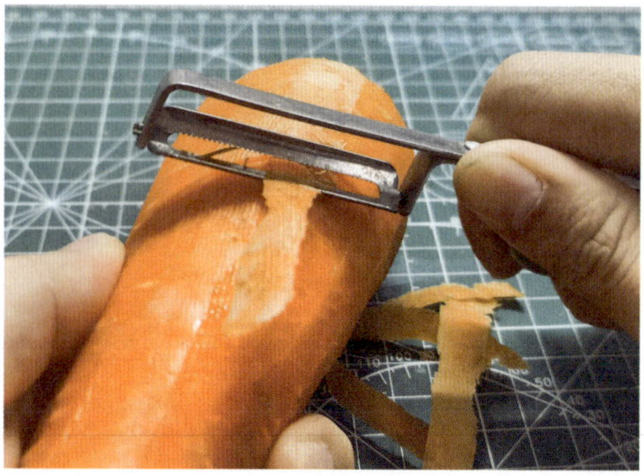

图1-59 削

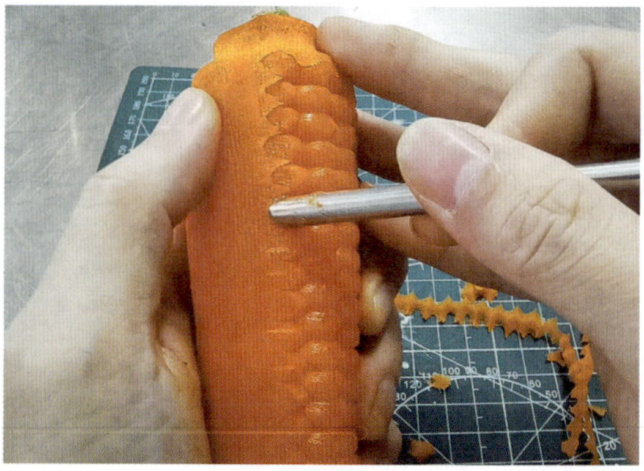

图1-60 戳

图1-61 旋

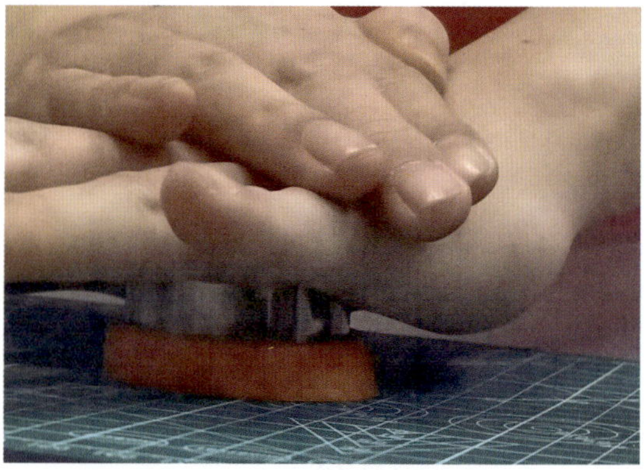

图1-62 挤压

二、食品雕刻的执刀手法

1. 执笔式

执笔手法（也称刻刀手法），是指握刀的姿势形同握笔，即拇指、食指、中指捏稳刀身，其余两指作为支撑点，相较于传统三指执刀更为灵活。此种执刀手法是常用的执刀法之一（图1-63）。

2. 横握式

横握手法，是指右手四指横向握住刀把，拇指作为支撑点的执刀方式。运刀过程中，四指协同做上下运动，拇指负责按住需雕刻的部位，每完成一刀操作，拇指自然回位至刀刃内侧。这种手法适用于各类大型整雕以及部分花卉的雕刻创作（图1-64）。

3. 戳刀式

戳刀手法与执笔手法大体相近，其区别在于小指与无名指务必按压在原料上，以此确保运刀精准、避免偏差。这种手法主要用于握持戳刀，常用于羽毛、菊花之类题材的雕刻创作（图1-65）。

4. 掏刀式

掏刀式与戳刀式大体相近，二者的主要区别体现在运刀方向上：戳刀式的运刀方向为向前，而掏刀式的运刀方向是向内（图1-66）。

图1-63　执笔式

图1-64　横握式

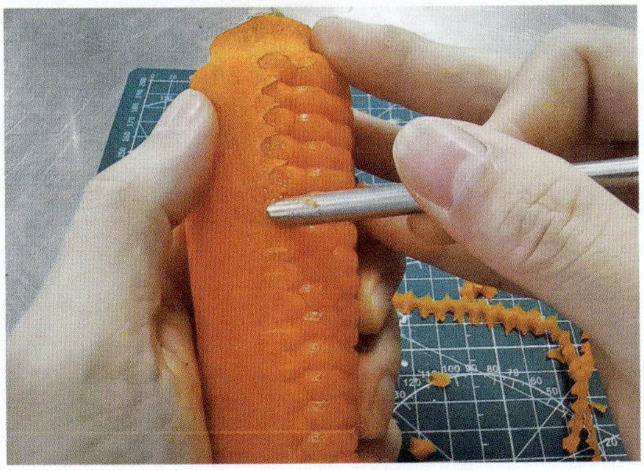

图1-65　戳刀式

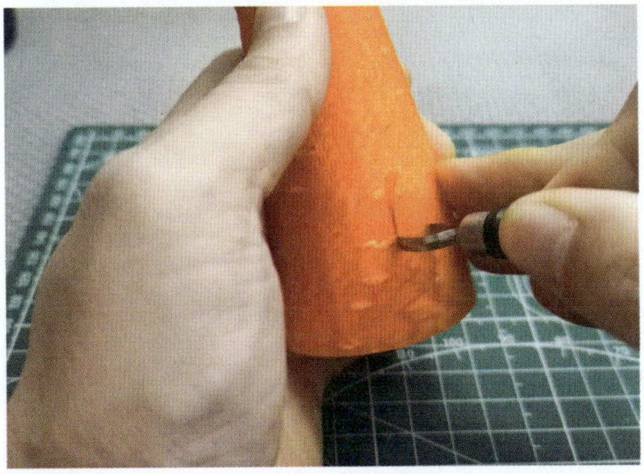

图1-66　掏刀式

三、任务思考与练习

（1）切与削技法在工具选择和目的上有何不同？请举例说明。

（2）用戳刀式手法雕刻菊花花瓣，对比掏刀式，体会二者的运刀差异，总结技巧。

任务4 雕刻成品保存方法

任务导入

食品雕刻兼具观赏与食用价值。然而，由于其材料易腐、制作耗时，半成品与成品的保存成为亟待解决的难题。本任务主要介绍食品雕刻成品的保存方法，使作品能够延长存放时限，留存更久。

食品雕刻是一种造型艺术，是我国烹饪文化百花园中的一枝奇花，它能化平庸为神奇，令人耳目一新，但又和其他工艺美术品有所区别。食品雕刻作品，有的是以观赏为主，不能食用，有的集观赏和食用于一体。由于食品雕刻所用的材料易腐性较高，雕刻工艺比较复杂，制作所需时间根据作品的难易程度也有不同，所以食品雕刻作品在制作过程中存在半成品的保存问题，在作品完成后又存在成品保存问题。

一、食品雕刻成品的保存技巧

1. 水泡保存法

将精心雕刻的作品沉浸于清凉的水中，为了增强其抗菌性和硬度，可在水中溶入1%的明矾。同时，需时刻关注水质，一旦发现水体变得浑浊或有气泡产生，应立即更换新鲜清水，以保持作品的纯净与完美。

2. 低温冷藏法

将雕刻作品细心地用保鲜薄膜、保鲜袋或密封保鲜盒包裹，随后置于冰箱冷藏室内保存。此外，还可以将水泡法与低温冷藏法巧妙结合，为作品提供双重保护。

3. 涂膜保鲜法

这一方法涉及在果蔬表面均匀涂抹一层高分子液态物质，待其干燥后形成一层致密的保护膜。这层膜能有效隔绝空气，调节气体交换，从而降低果蔬的呼吸速率，减少营养流失，保持雕刻作品的硬度与鲜活感，同时抵御腐败微生物的侵袭，延长保鲜期。

4. 喷水保湿法

特别适用于大型展示场景，展出期间需频繁向作品喷水，以保持其湿润度和光泽，防止因干燥而出现的萎缩或失去光彩。这一做法能显著延长作品的展出寿命。

5. 维生素C保鲜增强法

在存放雕刻作品的冷水中加入适量的维生素C片，这一举措能进一步提升作品的保鲜效果，延长其保存时间。

二、任务思考与练习

（1）对比不同保存方法，哪种最适合大型宴会雕刻作品长时间展示，原因是什么？

（2）在日常条件下，如何利用手头材料简易施行涂膜保鲜法？

项目三　基础雕刻实训

项目导学

学习食品雕刻需要有一定的艺术修养，除了学习构图知识和艺术表现手法，还需要在生活中不断积累素材。同时，需要勤学苦练，特别是雕刻的刀技、刀法，要进行反复多次的实践锻炼，做到落刀准确、轻快有力、实而不浮、韧而不重、干净利落。本项目主要训练使用各种雕刻刀具的使用方法和技巧，常见雕刻刀具是主刀、大号刀、中号刀、细线刀、中细线刀、其他刀具等，根据每种雕刻刀特性设计三个任务，学习刀具使用方法，同时本项目的三个实训任务与雕刻主题设计搭配配件元素紧密相连，如海浪、小草、假山、叶子等，为后期学习雕刻组合和综合雕刻提供基础支持。

学习目标

知识目标

1. 了解各类雕刻配件元素，如海浪、小草、假山、叶子等的形态特征、制作要点以及在雕刻作品中的作用和搭配原则等基础知识。
2. 掌握基础雕刻设计构造的原则与方法，以及色彩搭配在食品雕刻中的运用知识。
3. 理解食品雕刻中各类刀具，包括主刀、大号刀、中号刀、细线刀、中细线刀及其他刀具的使用原理，以及每种刀具在雕刻过程中的力学原理和操作要点。

能力目标

❶ 学会基础雕刻刀法的各种运用手法，如切、削、刻、戳、旋等刀法在不同刀具上的操作技巧，能够根据不同的雕刻需求灵活切换和运用刀法。

❷ 熟悉基础雕刻从原料选择、构思设计、刀具运用到作品完成的一整套制作流程和方法，能够独立完成简单的基础雕刻作品制作。

❸ 能够根据给定的配件元素，如海浪、小草、假山、叶子等，进行主题雕刻的设计，包括构图设计、元素组合方式以及如何通过雕刻展现主题内涵。

素养目标

❶ 学习食品雕刻时，树立生态文明观念，认识到原材料的珍贵，践行环保节约，助力可持续发展。

❷ 教学和培训中强调食品雕刻安全，熟悉刀具使用规范和操作安全。

❸ 使初学者通过雕刻练习提升耐心和专注力，激发对雕刻的兴趣，强调食品雕刻从处理到保存的卫生知识。

实训任务1　圆球、铁链

一、任务知识

在烹饪中，圆球和铁链造型的食品雕刻具有特殊意义。圆球可作为装饰，增加摆盘的规整与精致感。铁链造型则适用于创意菜品或宴会摆盘，营造复古神秘氛围，提升视觉冲击力和艺术格调。圆球和铁链雕刻是食品雕刻初学者的基础训练，主要练习正确的持刀手势和基本刀法，如切、刻、削等，以及在不同原料上的应用，培养耐心、专注力和兴趣。

二、任务实施

1. 原料准备

胡萝卜、白萝卜、青萝卜①。

2. 工具准备

雕刻刀、502胶水、牙签、碟子②。

3. 工艺流程

修初坯→细雕圆球、铁链→粘接部件→圆球、铁链成品组装成型

视频二维码：
圆球、铁链雕刻视频

4. 制作步骤

（1）取胡萝卜用主刀切成正方体形状，做圆球初坯③。

（2）用主刀由上而下削圆球大型，再细雕圆球表面直至光滑无棱角④。

（3）圆球成品⑤。

（4）取长方体胡萝卜，用主刀修成椭圆形状，做铁环初坯⑥。

（5）再用主刀沿着椭圆形路径修掉中间部分，将其做成铁环的外形初坯⑦⑧。

（6）铁环初坯用主刀切出厚薄均匀的铁环⑨。

（7）最后将所有的铁环用502胶水粘接串联成象形铁链⑩。

（8）铁链成品⑪。

（9）提前雕刻好斧头、树桩、小草、底座⑫。

（10）组装以圆球、铁链为主题的组合雕刻⑬⑭。

（11）圆球、铁链主题成品⑮。

①

②

③

④

⑤

⑥

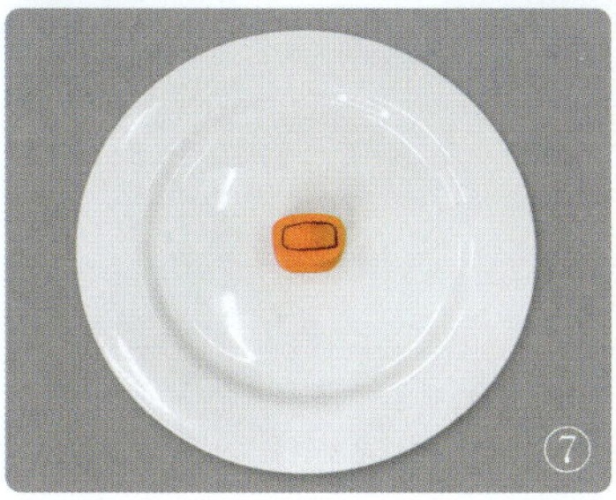
⑦

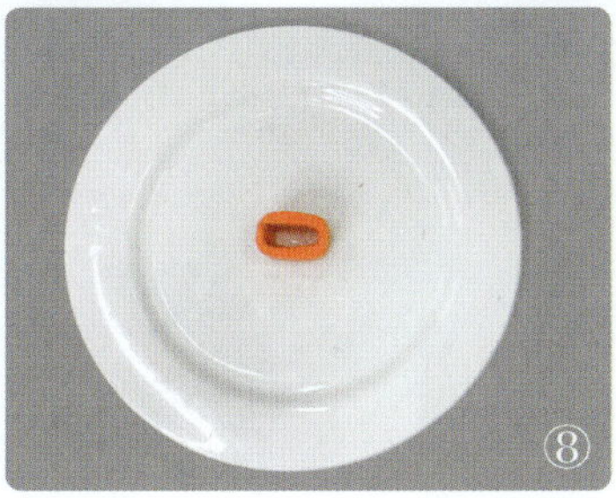
⑧

⑨

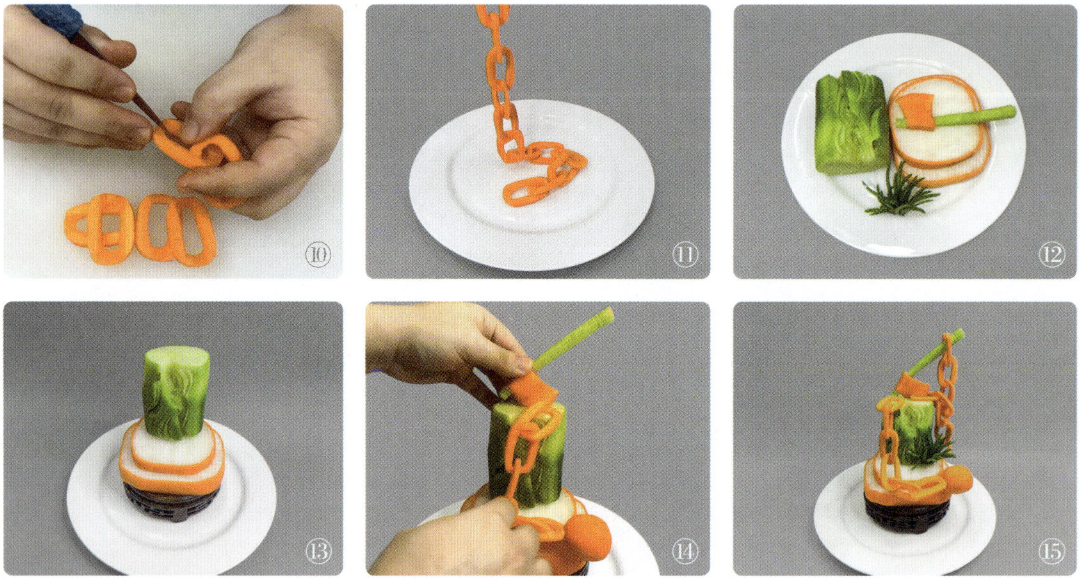

5. 制作要领

（1）主刀握刀的方法，采用两指握刀姿势以食指和拇指握住刀身，其余三手指作为支撑点，起稳定作用。运刀时要灵活、快速，下刀切割原料时要运用推拉刀法、直刀法等刀法。

（2）在雕刻圆球、铁链时去废料要大胆细心，确保表面光滑无粗糙棱角。

（3）初学者在基本功练习操作上要勤于练习刀法和手法。

三、任务思考与练习

（1）使用雕刻刀具时应注意哪些安全操作？

（2）设计一款以铁链为主题的雕刻作品。

四、任务评价

实训任务评价表格见附录1。

实训任务 2　叶子、小草

一、任务知识

叶子和小草雕刻常用于花卉、实物、动物主题装饰，需多次重复雕刻以搭配花卉、树枝和点缀假山。初学者需耐心细致地练习，以培养细致和耐心的工作习惯，为学习复杂雕刻打下基础。叶子和小草雕刻是食品雕刻初学者的基本功，训练正确的持刀手势和刀法技巧。通常采用两指握刀法，食指和拇指握刀，其他三指支撑，通过拇指和食指的收缩控制刀运动。学习掏刀法、拉刻法等技巧，并在不同原料上练习，掌握各种握刀姿势和运刀力度。

二、任务实施

1. 原料准备

白萝卜、青萝卜、胡萝卜①。

2. 工具准备

雕刻刀、502胶水、碟子、铁丝②。

视频二维码：
叶子、小草雕刻视频

3. 工艺流程

去青萝卜横截面→雕刻叶子初坯、小草叶子→粘接叶子、小草部件→叶子、小草成品组装成型

4. 制作步骤

（1）取出一块青萝卜片，用主刀雕刻出叶子初坯③④。

（2）用细线刀在叶子初坯表面刻画出叶子纹路⑤。

（3）叶子成品⑥。

（4）取青萝卜用主刀切出横截面⑦。

（5）用中号刀在青萝卜横截面掏拉刻出长短不一的小草叶子备用⑧⑨。

（6）将小草叶子顺一个方向粘接成草丛形状⑩。

（7）小草成品⑪。

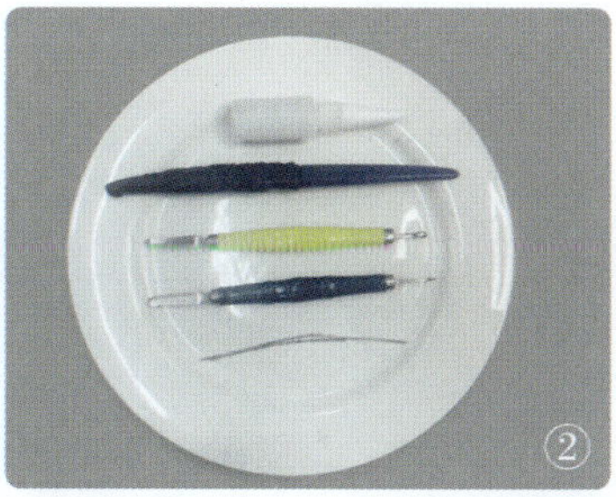

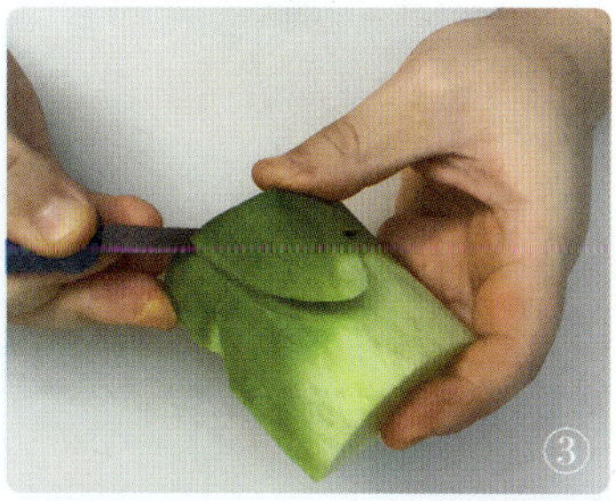

（8）提前雕刻围墙、底座⑫。

（9）组装以叶子、小草为主题的组合雕刻⑬⑭。

（10）叶子、小草主题成品⑮。

5. 制作要领

（1）掌握中号刀、细线刀的握刀方法，采用两指握刀姿势以食指和拇指握住刀身，其余三手指作为支撑点，起稳定作用。运刀时要灵活、快速，下刀切割原料时要运用拉刀法、掏刀法等刀法。

（2）在掏拉小草叶子时，其大小长短不一，上薄下厚，粘接时顺着一个方向粘接，使其呈草丛形状。

（3）初学者在基本功练习操作上要勤于练习刀法和手法。

三、任务思考与练习

（1）食品雕刻在安全卫生方面有哪些具体要求？

（2）设计一款以叶子、小草为主题的雕刻作品。

四、任务评价

实训任务评价表格见附录1。

实训任务3 假山、海浪

一、任务知识

假山和海浪在中国园林艺术中象征自然之美，将它们融入食品雕刻，考验我们对线条、形态和空间感的掌握，赋予食材新的生命力。假山和海浪雕刻是食品雕刻初学者的基本功，旨在熟悉雕刻刀具、掌握握刀姿势和运刀力度，以及刀具与刀法的综合运用。它们常用于鱼虾、海上景观和动物主题雕刻，常用白色、青色的萝卜来表现。

二、任务实施

视频二维码：
假山、海浪雕刻视频

1. 原料准备

白萝卜、青萝卜①。

2. 工具准备

雕刻刀、502胶水、碟子②。

3. 工艺流程

修初坯→细雕假山、海浪部件→粘接部件→假山、海浪成品组装成型

4. 制作步骤

（1）取青萝卜对半开成两块萝卜，用502胶水粘接成假山作为初坯备用③。

（2）用大号刀在青萝卜表面挖掏出深浅不一的假山形态④。

（3）用中号刀在假山表面细刻，突出假山的立体感⑤。

（4）假山成品⑥。

（5）取白萝卜截取一块长方体，做海浪初坯⑦。

（6）用主刀沿着初坯刻画出海浪的大型，再用大号刀刻画出水浪的细纹备用⑧⑨。

（7）取萝卜片雕刻各种大小不一，形态错落的水花⑩。

（8）最后将各种大小不一的水花粘接到海浪上⑪。

（9）海浪成品⑫。

（10）提前雕刻底座⑬。

（11）组装以假山、海浪为主题的组合雕刻⑭⑮。

（12）假山、海浪主题成品⑯。

①
②
③
④
⑤
⑥
⑦
⑧
⑨
⑩
⑪
⑫
⑬
⑭
⑮

5. 制作要领

（1）雕刻假山、海浪时先用大号刀后用小号刀，主刀修大型，小刀细化细节纹路。

（2）在雕刻设计时应考虑假山、海浪的比例大小。

（3）初学者在基本功练习操作上要勤于练习综合刀法和手法。

三、任务思考与练习

（1）思考从哪些方面可以减少环境污染，保护生态文明可持续发展，举例说明。

（2）设计一款以假山、海浪为主题的雕刻作品。

四、任务评价

实训任务评价表格见附录1。

项目四　花卉雕刻实训

项目导学

花卉雕刻是食品雕刻入门基础，本项目帮助初学者掌握刀具使用及雕刻技法。传统整雕难度大，易打击初学者学习信心。本项目创新采用组装雕刻，操作简单、节约食材且灵活搭配，能培养学生学习兴趣并为后续学习奠定基础。花卉雕刻广泛用于提升菜品观赏性，不同花卉对应不同刀法。本项目选取荷花、菊花、牡丹、月季等代表性花卉进行教学，指导学生举一反三，实现触类旁通的效果。

学习目标

知识目标

1. 了解各类花卉的基础知识，包括花卉的形态特征、生长习性、象征意义等内容。
2. 掌握花卉雕刻设计构图的方法以及如何根据主题需求进行构图创新。
3. 理解食品雕刻刀具在花卉雕刻中的综合使用方法，掌握主刀、细线刀等不同刀具在处理花卉的花瓣、花蕊、枝叶等不同部位时的独特运用方式。

能力目标

1. 熟悉从原料准备、刀具选择、雕刻操作到作品完成的一整套花卉制作方法和工作流程，能够独立且高效地完成花卉雕刻作品的制作。
2. 学会根据不同的场合、主题和需求，设计出富有创意的花卉主题雕刻，包括确定主题、选择花卉种类、构思构图以及搭配其他雕刻配件等环节，展现出独特的设计思维。
3. 能够熟练运用组装雕刻、整雕等多种雕刻方法制作花卉，根据花卉的特点和设计要求，灵活选择最适宜的雕刻方法，以达到最佳的雕刻效果，并且能够在制作过程中根据实际情况进行方法的调整和创新。

素养目标

1. 通过花卉雕刻练习强化学生实践能力，积累经验，提升技能。同时，培养学生工匠精神，鼓励追求卓越，注重细节，以高标准要求自己，挑战和超越自我。
2. 在花卉雕刻学习中培养学生勤俭节约的习惯，引导学生合理利用食材，减少浪费。强化卫生意识，保持操作环境和作品卫生，养成良好的卫生习惯。
3. 学习雕刻具有中国传统文化的花卉，深入了解其象征意义和文化价值，培养学生对中国传统文化的热爱，感受中华文化的博大精深，树立文化自信，增强民族自豪感。

实训任务1 菊花

一、任务知识

菊花，菊科多年生草本植物，原产中国，象征高洁坚韧。在中国文化中，被视为“四君子”之一，古代文人常以之为题材。菊花不仅观赏性强，还有药用价值，如清热解毒、明目等，并作为菊花茶饮品。此外，菊花雕刻是基础花卉雕刻之一，常用胡萝卜、南瓜等材料，采用整雕和组装雕刻方法，组装雕刻创新易学，可节约食材，适应不同主题设计。

二、任务实施

视频二维码：
菊花雕刻视频

1. 原料准备

胡萝卜、白萝卜、青萝卜①。

2. 工具准备

雕刻刀、502胶水、牙签、碟子②。

3. 工艺流程

掏拉菊花花瓣→雕刻花心→花瓣粘接→菊花成品组装成型

4. 制作步骤

（1）取胡萝卜用主刀切出横截面，再用大号刀掏拉出有一定弧度的凹面花瓣，依次掏拉出大、中、小花瓣备用③④。

（2）胡萝卜用主刀修成上宽下窄的圆柱体作为花心初坯⑤。

（3）用细线刀刻出菊花花心⑥。

（4）雕刻好的花瓣，由小到大、由内到外依次用502胶水粘接成象形菊花，花瓣与花瓣之间交错，最后形成象形菊花⑦⑧⑨。

（5）菊花成品⑩。

（6）提前雕刻象形蜡烛、圆柱体、叶子、树枝⑪。

（7）组装以菊花为主题的组合雕刻⑫。

（8）菊花主题成品⑬。

⑩

⑪

⑫

⑬

5. 制作要领

（1）菊花整体完整无缺，形态逼真，呈含苞待放的样子。

（2）菊花花瓣为直条状翻卷、粗细均匀的自然形态。

（3）花瓣粘接过程注意由小到大、由内到外，花形呈向外开放状态。

三、任务思考与练习

（1）整装雕刻菊花和组装雕刻菊花的优缺点分别是什么？

（2）设计一款以菊花为主题的雕刻作品。

四、任务评价

实训任务评价表格见附录1。

实训任务2　荷花

一、任务知识

荷花，又称莲花，是睡莲科植物，广泛生长于亚洲、大洋洲及北美大陆的水域。其叶片如碧玉圆盘，花冠色彩丰富，从白色到红色，宛如水彩画卷。荷花不仅是美丽的象征，其各部分还可食用，常用于高级宴会和美食展示。作为基础花卉雕刻材料，如胡萝卜、心里美萝卜等，荷花在食品雕刻中不仅美化摆盘，也象征着优雅和纯洁，寄托了对美好生活的祝愿，是中国传统文化的重要组成部分。

二、任务实施

视频二维码：
荷花雕刻视频

1. 原料准备

心里美萝卜、青萝卜、白萝卜①。

2. 工具准备

雕刻刀、502胶水、牙签、碟子②。

3. 工艺流程

修初坯→雕刻荷花花瓣→雕花心、花蕾→花瓣粘接→荷花成品组装成型

4. 制作步骤

（1）取心里美萝卜用主刀切成长方体形状，分别为大、中、小的长方体形状，作为花瓣初坯备用③。

（2）在长方体初坯上刻画出荷花花瓣形状④。

（3）用主刀由上到下运刀，依次将大、中、小的花瓣形状刻出上薄下厚的荷花花瓣备用⑤。

（4）青萝卜用主刀修成上宽下窄的圆柱体作为花心初坯⑥。

（5）用细线刀细刻荷花花心⑦。

（6）取青萝卜用细线刀，刻拉出一排丝状的花蕾，并用502胶水粘上小米，做成荷花花蕊⑧⑨⑩。

①

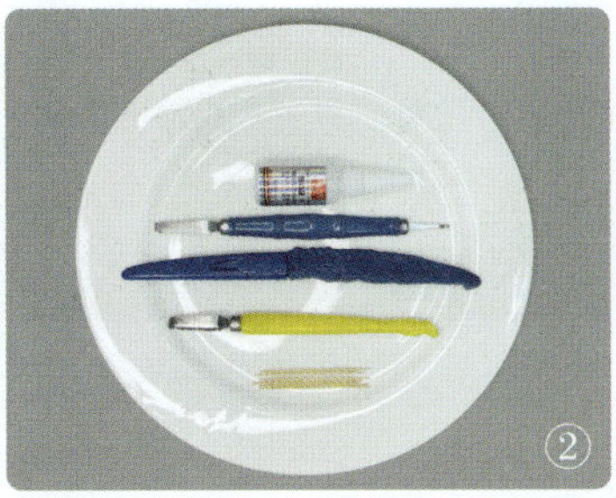
②

③

（7）雕刻好的花瓣，由小到大、由内到外依次用502胶水粘接成象形荷花，花瓣与花瓣之间交错，最后形成象形荷花⑪⑫。

（8）荷花成品⑬。

（9）提前雕刻底座、荷叶、小草、拱桥⑭。

（10）组装以荷花为主题的组合雕刻⑮。

（11）荷花主题成品⑯。

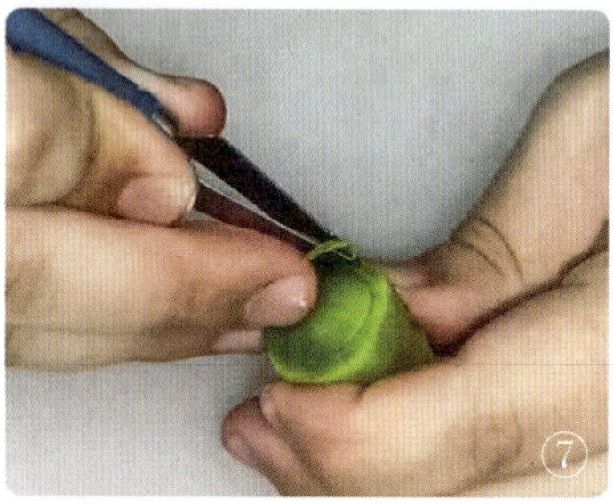

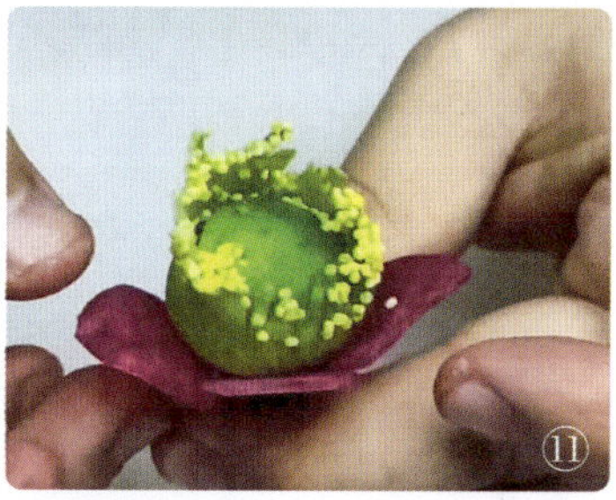

5. 制作要领

（1）荷花花瓣厚薄均匀，花瓣呈上薄下厚带有弧度的形状。

（2）花瓣粘接过程要由小到大、由内到外，花形呈向外开放状态。

（3）雕刻好的荷花可以用清水浸泡后调整花形。

（4）荷花整体完整无缺，形态逼真，观赏性强。

三、任务思考与练习

（1）整雕的荷花在雕刻方法上有什么特点？

（2）设计一款以荷花为主题的雕刻作品。

四、任务评价

实训任务评价表格见附录1。

实训任务3　牡丹花

一、任务知识

牡丹，被誉为“花中之王”，是中国传统名贵花卉。花朵硕大华美，色彩丰富，象征富贵繁荣与幸福，常见于传统艺术。历史上用于皇家园林装饰，激发文人创作灵感。牡丹花雕刻是基础花卉雕刻之一，常用胡萝卜、心里美萝卜等材料，与叶子、树枝组装。刀法包括直刀刻、拉刀刻等，花瓣呈波浪状，层层叠叠，形成含苞待放的花形。

视频二维码：
牡丹花雕刻视频

二、任务实施

1. 原料准备

心里美萝卜、青萝卜、白萝卜①。

2. 工具准备

雕刻刀、502胶水、牙签、碟子②。

3. 工艺流程

修初坯→雕刻牡丹花花瓣→雕花心、花蕾→花瓣粘接→牡丹花成品组装成型

4. 制作步骤

（1）取心里美萝卜，分别用主刀切成大、中、小的长方体形状作为花瓣初坯备用③。

（2）在长方体初坯上刻划出牡丹花花瓣形状④。

（3）用主刀由上到下运刀，依次分别将大、中、小的花瓣形状刻出上薄下厚的牡丹花花瓣备用⑤⑥。

（4）青萝卜用主刀修成上宽下窄的圆柱体作为花心初坯⑦。

（5）用细线刀刻出象形牡丹花花心⑧。

（6）取青萝卜，用细线刀刻拉出一排丝状的花蕾，并用502胶水粘上小米，做成牡丹花花蕾⑨⑩⑪。

①

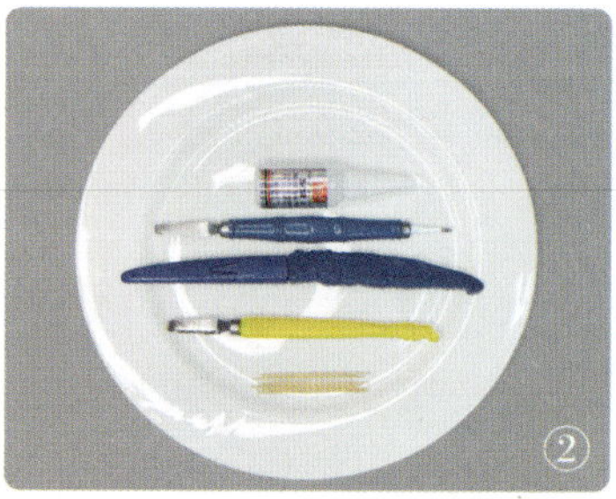
②

③

④

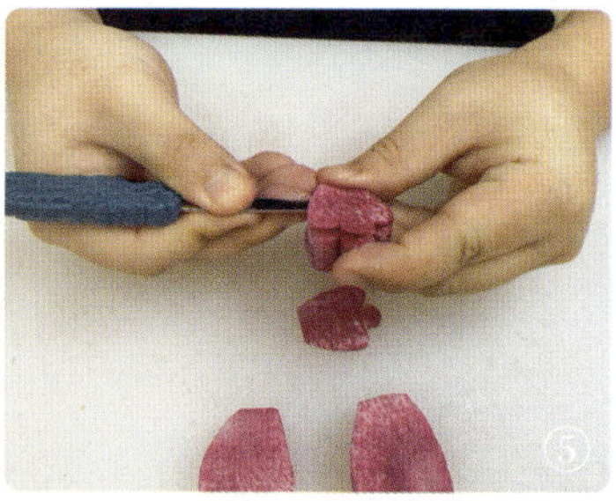
⑤

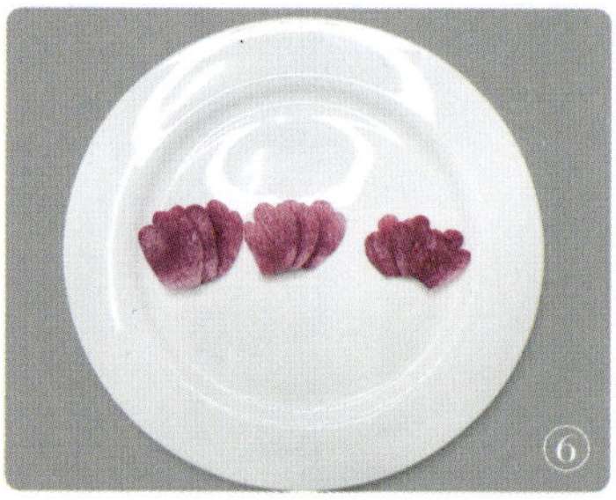
⑥

⑦

⑧

⑨

（7）雕刻好的花瓣，由小到大、由内到外依次用502胶水粘接成象形牡丹花，花瓣与花瓣之间交错，最后形成象形牡丹花⑫⑬。

（8）牡丹花成品⑭。

（9）提前雕刻圆柱底座、圆柱条、叶子、花蕾、织网⑮。

（10）组装以牡丹花为主题的组合雕刻⑯⑰。

（11）牡丹花主题成品⑱。

⑩

⑪

⑫

⑬

⑭

⑮

⑯

⑰

⑱

5. 制作要领

（1）牡丹花整体完整无缺，形态逼真、呈含苞待放的样子。

（2）牡丹花花瓣为波浪形、厚薄均匀、上薄下厚的自然形态。

（3）花瓣粘接过程注意由小到大、由内到外，花形呈向外开放状态。

（4）为了达到牡丹花含苞待放效果，可以用清水浸泡后，再调整花形。

三、任务思考与练习

（1）牡丹花和荷花在雕刻方法上有什么不同?

（2）设计一款以牡丹花为主题的雕刻作品。

四、任务评价

实训任务评价表格见附录1。

实训任务4 月季花

一、任务知识

月季，又称长春花，是一种高1～2米的直立灌木，花簇生，直径4～5厘米，有重瓣至半重瓣，颜色多样，包括红色、粉色、白色。果实为卵球状红色。月季花象征坚韧、永恒美好、幸福、吉祥和长寿，代表爱情与繁荣，在中国文化中寓意富贵、平安与生命不息，常用于庆典仪式。月季花是花卉雕刻的基础之一，常用材料包括胡萝卜、心里美萝卜、青萝卜等，通常与叶子、小草、假山组合。雕刻时采用直刀刻、拉刀刻等技法，花瓣成半圆状，层层叠叠。月季花雕刻常用于烹饪菜肴装饰，因其丰富的颜色和优雅形态，成为雕刻师的热门选择，并常在雕刻竞赛中作为展示花卉雕刻基本功的指定作品。

二、任务实施

视频二维码：
月季花雕刻视频

1. 原料准备

胡萝卜、白萝卜、青萝卜、心里美萝卜①。

2. 工具准备

雕刻刀、502胶水、牙签、碟子②。

3. 工艺流程

雕刻月季花花瓣→雕花心→花瓣粘接→月季花成品组装成型

4. 制作步骤

（1）取心里美萝卜用主刀分别切成大、中、小的正方体形状作为花瓣初坯备用③。

（2）用主刀在正方体初坯上刻画出半圆形花瓣④⑤。

（3）主刀由上到下运刀，依次分别将大、中、小的花瓣形状刻出上薄下厚的月季花花瓣备用⑥。

（4）胡萝卜用主刀修成圆锥形作为月季花花心⑦。

（5）把雕刻好的花瓣，由小到大、由内到外依次用502胶水粘接成象形月季花，花瓣与花瓣之间交错，花瓣呈绽放式，最后形成月季花形状⑧⑨⑩。

（6）月季花成品⑪。

（7）提前雕刻梯子、树枝、小草、叶子、底座⑫。

（8）组装以月季花为主题的组合雕刻⑬⑭。

（9）月季花主题成品⑮。

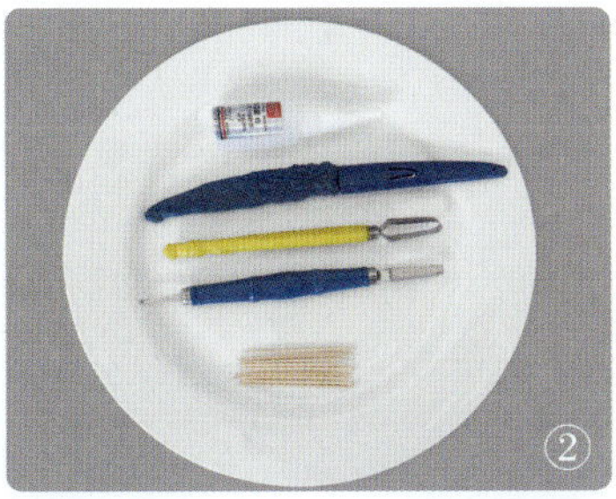

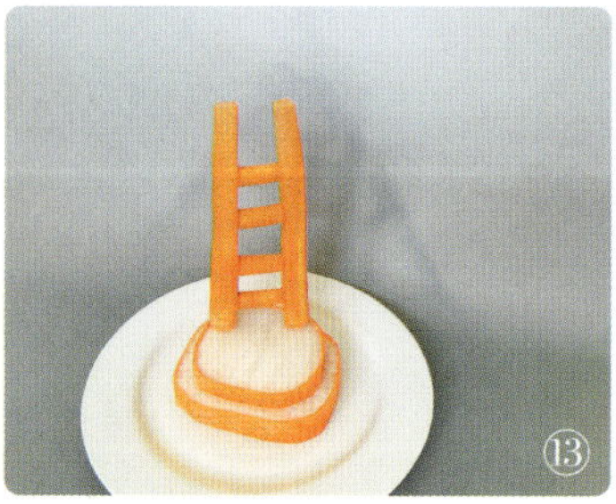

5. 制作要领

（1）月季花整体完整无缺，形态逼真，花瓣厚薄均匀。

（2）掌握好花瓣与花蕊的高度，外层花瓣逐步增高呈开放状，花蕊低于外层花瓣并且花瓣包裹花心。

（3）粘接时要注意胶水的使用，避免胶水流到花瓣上出现白面。

三、任务思考与练习

（1）在竞赛中雕刻月季花时如何快速完成月季花成品？举例说明方法技巧。

（2）设计一款以月季花为主题的雕刻作品。

四、任务评价

实训任务评价表格见附录1。

项目五　实物雕刻实训

项目导学

实物雕刻题材广泛，难度各异。本基础项目适合初学者，帮助其掌握刀具使用技巧，激发学习兴趣和自信。采用实物观察法和比例法简化教学过程，培养审美能力和设计思路。雕刻作品可搭配菜品提升观赏性，常见主题如葫芦、寿桃、竹子等，为后续学习奠定基础。

学习目标

知识目标

❶ 了解实物雕刻的基本理论知识及其在传统文化中的象征意义、历史典故以及在不同场合的应用，为作品赋予更深层次的文化底蕴。

❷ 掌握实物雕刻中原料选择的原则与技巧，根据实物特点确定主体位置、安排比例以及搭配元素的布局，以达到和谐美观的视觉效果。

❸ 理解在雕刻葫芦、寿桃、竹子等实物时，食品雕刻刀具的综合使用方法。

能力目标

❶ 会从构思设计、原料挑选、刀具准备到雕刻成型、作品修饰的一整套实物作品制作流程。

❷ 学会根据不同的主题、场合和需求，设计出具有创意和美感的实物主题雕刻作品。

❸ 熟练运用多种雕刻技法，如切、削、刻、挖、旋等，对葫芦、寿桃、竹子等实物进行雕刻。

素养目标

❶ 在实物雕刻学习过程中，注重培养学生积极进取的精神，追求卓越的雕刻技艺。强调对细节的关注，力求精益求精。

❷ 面对雕刻过程中的挑战，鼓励学生保持持之以恒的态度，不轻易放弃。积极寻求新的思路，为雕刻艺术注入新的活力。

❸ 通过学习葫芦、寿桃、竹子等实物的雕刻，深入理解中国传统文化，增强文化认同感，树立文化自信，激发对传统文化的热爱和传承。

实训任务1 葫芦

一、任务知识

葫芦是葫芦科植物，果实形状多样，成熟时颜色各异。其干燥外壳可制作容器，雕刻后成为工艺品，具有文化象征意义和收藏价值。葫芦雕刻是基础实物雕刻，常用胡萝卜、青萝卜等材料，结合叶子、藤蔓等元素。雕刻技巧源于基础圆球造型，具有圆润和细腰的特征。

二、任务实施

视频二维码：
葫芦雕刻视频

1. 原料准备

胡萝卜、青萝卜、心里美萝卜①。

2. 工具准备

雕刻刀、水溶性铅笔、502胶水、碟子②。

3. 工艺流程

修初坯→刻画葫芦比例轮廓→雕刻葫芦蒂→修葫芦肚→成品组装成型

4. 制作步骤

（1）取一截青萝卜用画线笔勾勒出葫芦的轮廓线条，定出葫芦蒂、上肚和下肚部分③。

（2）用主刀切出约0.5厘米厚的料，去除两边废料，留出一块蒂头④。

（3）依次用中号、小号拉刻刀刻出葫芦中间腰部的凹槽⑤。

（4）用主刀分别修出光滑、圆润的上肚和下肚，注意下肚要比上肚稍大⑥⑦。

（5）将葫芦蒂修圆，注意要略带弧度⑧。

（6）葫芦成品⑨。

（7）提前雕刻好底座、篱笆、叶子、藤蔓、小草、鹅卵石⑩。

（8）组装以葫芦为主题的组合雕刻作品⑪。

（9）葫芦主题雕刻成品⑫。

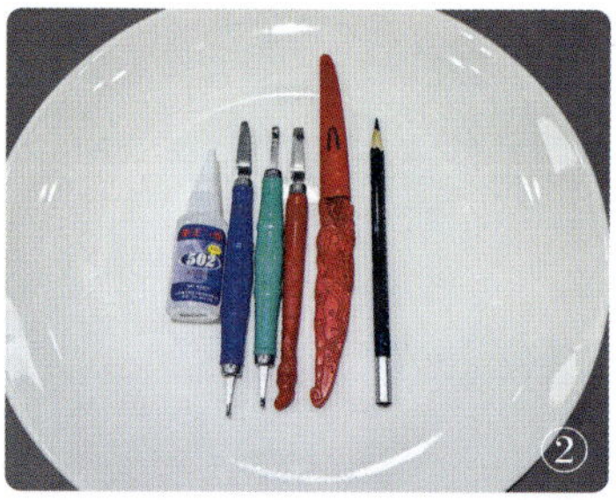

5. 制作要领

（1）葫芦外形完整无缺、形态逼真、圆润饱满。

（2）熟练掌握雕刻技法，确保线条流畅、比例自然。

（3）葫芦的下肚部分要比上肚部分稍大。

三、任务思考与练习

（1）葫芦与玲珑球在雕刻方法上有什么不同？

（2）设计一款以葫芦为主题的雕刻作品。

四、任务评价

实训任务评价表格见附录1。

实训任务 2　寿桃

一、任务知识

寿桃，圆形或椭圆形水果，表皮多绒毛，颜色多样，象征长寿，常用于祝寿场合，寓意健康幸福。民间有赠寿桃贺寿的习俗，源于王母娘娘蟠桃的传说。寿桃雕刻是基础实物雕刻，常用胡萝卜、白萝卜、青萝卜等原料，与树枝、叶子等组装。雕刻手法包括弧形刀法、拉刀刻等，操作简单，比例易掌握，适合初学者，常用于宴会展台。

二、任务实施

1. 原料准备

胡萝卜、青萝卜、心里美萝卜①。

2. 工具准备

雕刻刀、502胶水、水溶性铅笔、碟子②。

3. 工艺流程

修初坯→画寿桃轮廓图→修大型→雕刻寿桃→组装成品

4. 制作步骤

（1）取一块心里美萝卜，切出直径约为3厘米的正方形块③。

（2）用铅笔画出寿桃轮廓的线条，留出尾部的尖嘴④。

（3）用U形刀辅助去除寿桃尾部的废料，修出桃子的形状⑤⑥。

（4）用中号拉刻刀，在寿桃中间位置从上往下刻出一条凹槽，并用小号掏刀掏出蒂头位置，刻的时候注意深度要适中，太浅不明显，太深则可能破坏整体形状⑦。

（5）进一步对寿桃各部分线条进行细化，去除棱角⑧。

（6）取一块青萝卜，用小号掏刀掏一根连接寿桃的蒂，并粘在桃子头部⑨。

（7）寿桃成品⑩。

（8）提前雕刻好底座、树干、桃叶、小草、鹅卵石等配件⑪。

（9）组装以寿桃为主题的组合雕刻作品⑫。

（10）寿桃主题雕刻成品⑬。

视频二维码：
寿桃雕刻视频

①

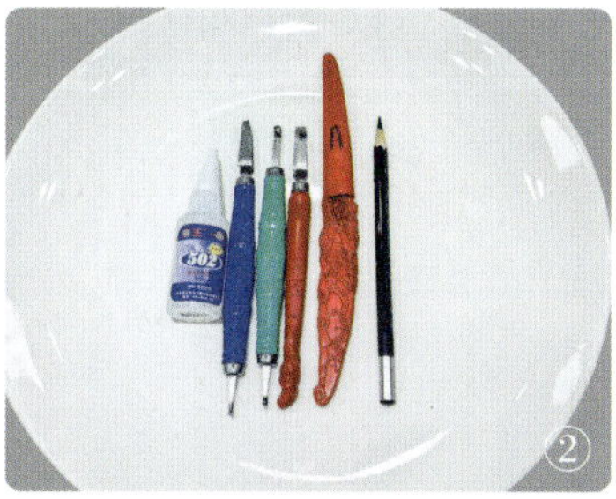

②

③

④

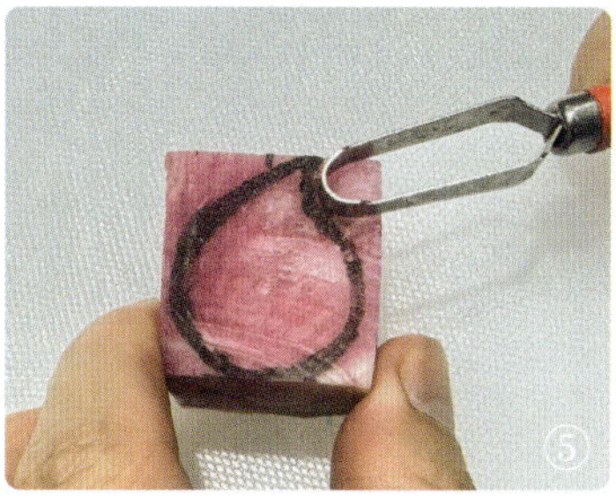
⑤

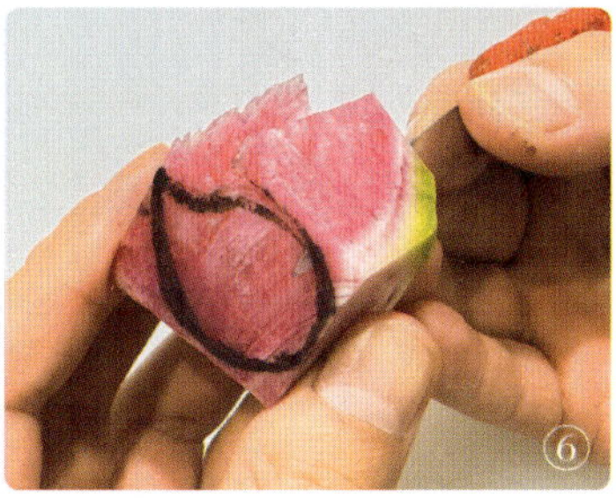
⑥

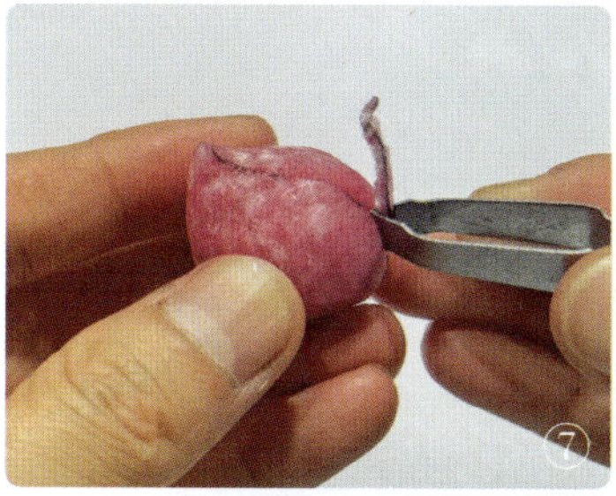

5. 制作要领

（1）寿桃外形完整无缺，圆润饱满，造型逼真。

（2）熟练掌握运刀手法，确保线条流畅、整体比例协调。

（3）挑选质地紧实、形状规整且表皮光滑的原料。

三、任务思考与练习

（1）寿桃和其他圆形蔬果在雕刻方法上有何异同？

（2）设计一款以寿桃为主题的雕刻作品。

四、任务评价

实训任务评价表格见附录1。

实训任务3　竹子

一、任务知识

竹子属于禾本科竹亚科，是多年生草本植物，具有木本和草本的特征。竹竿高大中空，有明显的节间，节数和粗细在出笋时确定。竹叶剑形，长7～16厘米，平行脉，叶缘不对称，幼株叶直立。地下茎横向生长，密生须根和芽，部分发育成竹笋或新地下茎，形成竹海。在中国文化中，竹子象征正直坚韧，与梅、兰、菊并称“四君子”，与梅、松合称“岁寒三友”，受到文人喜爱。竹子是基础实物雕刻的常见主题，通常选用胡萝卜、青萝卜、南瓜等雕刻，常与竹叶、竹笋、野花等搭配，主要使用直刀刻、拉刀刻等技法。竹子雕刻操作简单，易于学习，是组合雕刻中常见的元素。

二、任务实施

视频二维码：
竹子雕刻视频

1. 原料准备

胡萝卜、白萝卜、青萝卜、心里美萝卜①。

2. 工具准备

雕刻刀、牙签、502胶水、水溶性铅笔、碟子②。

3. 工艺流程

选料→描绘竹子轮廓线条→修出大型→雕刻竹节→雕刻竹筒→组装成品

4. 制作步骤

（1）将青萝卜切成长条形，用削皮刀将原料修成圆柱形③。

（2）画出均匀的竹节间距，用U形拉刻刀刻出约4毫米宽的竹节④⑤。

（3）将竹节之间的料修掉，使其略带弧度⑥。

（4）斜刀切出竹子顶端的切面，画出孔洞，斜刀去除废料⑦⑧。

（5）用中号拉刻刀刻出竹节的线条⑨。

（6）竹子成品⑩。

（7）提前雕刻好底座、野花、分枝、叶子、蘑菇等⑪。

①

②

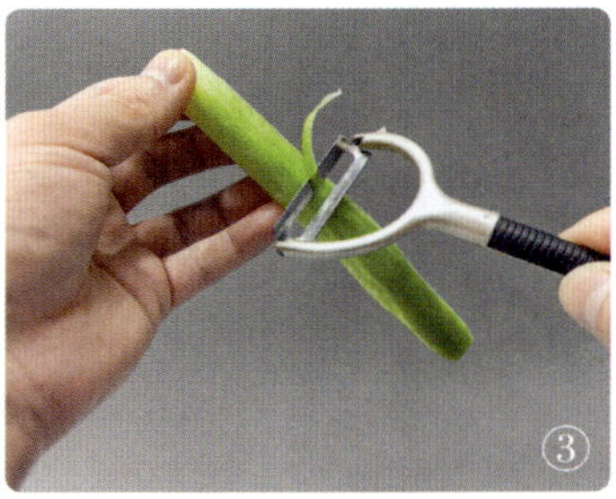
③

（8）组装以竹子为主题的组合雕刻作品⑫。

（9）竹子主题雕刻成品⑬。

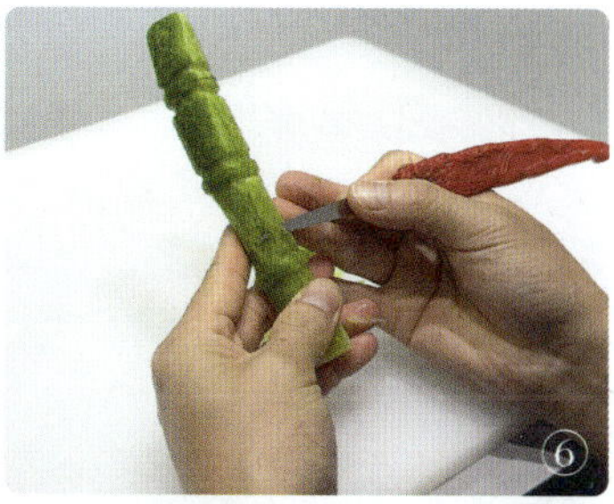

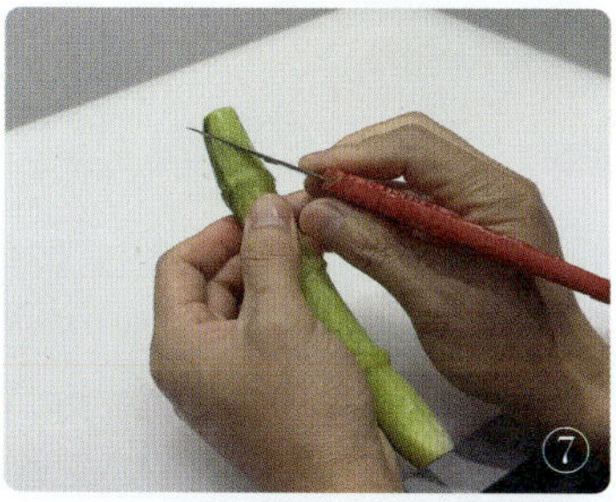

5. 制作要领

（1）竹子形态逼真、比例协调。

（2）雕刻时需注意握刀姿势，下刀力度平稳且适中。

（3）雕刻竹节时间距要均匀，刻痕深度、凸起程度需一致。

三、任务思考与练习

（1）思考两种改进雕刻竹子的技巧方法。

（2）设计一款以竹子为主题的雕刻作品。

四、任务评价

实训任务评价表格见附录1。

项目六　鱼虾类雕刻实训

项目导学

鱼虾类雕刻是初学者常见品种，在宴席摆盘中寓意美好。本项目通过鱼虾雕刻教学，使学生掌握雕刻刀使用技巧。项目采用组装雕刻法，操作简易，可搭配其他元素创作主题作品。结合步骤图、视频讲解和刀法演示，帮助初学者建立基础认知。此类雕刻多用于烹饪中，常配水草、荷花、水浪等配件提升菜品档次。不同鱼虾品种特点及技法各异，本项目选取对虾、鲤鱼、神仙鱼三种常见品种，学生学习后可触类旁通掌握相关雕刻知识。

学习目标

知识目标

1. 了解对虾、鲤鱼、神仙鱼等多种鱼虾类雕刻在构图方面的独特方法以及如何运用线条、空间布局等元素突出主体。
2. 掌握从构思创意、原料选取、工具准备到雕刻实施、细节处理、组合搭配等一系列雕刻鱼虾类作品的完整步骤及流程。
3. 掌握在鱼虾类雕刻中，主刀、细线刀、中号刀等不同雕刻刀具的综合使用方法。

能力目标

1. 会挑选合适的原料、规划雕刻方案、运用刀具进行雕刻到最终完成作品修饰的整套鱼虾雕刻制作流程和方法。

2 学会根据不同的场合、主题和需求，设计出独具匠心的鱼虾类主题雕刻作品。

3 熟练运用切、削、刻、戳、挖、旋等多种技法，精准地雕刻对虾、鲤鱼、神仙鱼等鱼虾类作品。

素养目标

1 在学习鱼类和虾类雕刻的过程中，我们致力于培养学生积极向上的精神，激励他们不断超越自我，追求卓越的雕刻技艺，勇于探索新的创意和手法。

2 引导学生在雕刻实践中深刻理解食材的宝贵，培养他们的节约习惯，将节约理念融入整个学习过程，并逐渐转化为学生的内在价值观。

3 通过深入探究鱼类和虾类雕刻在传统饮食文化中所承载的吉祥意义，激发学生对中国传统文化的浓厚兴趣和热爱，树立坚定的文化自信，增强他们传承和推广中华优秀传统文化的责任感与使命感。

实训任务1 对虾

一、任务知识

东方对虾，又称中国对虾、明虾，是海洋虾类，主要分布于渤海和黄海。其身体较长，略扁，体色呈浅青灰色，可随环境变化。头胸部短，腹部长，覆盖着薄而坚韧的半透明甲壳。对虾常用于雕刻主题中，材料包括胡萝卜、南瓜等，适用于酒店宴会和美食展示。雕刻对虾造型简单，常用配件如水草、珊瑚或浪花装饰，以提升菜肴档次和主题。

二、任务实施

1. 原料准备

胡萝卜、白萝卜、青萝卜、心里美萝卜①。

2. 工具准备

雕刻主刀、异形刀、中号拉刀、牙签、502胶水、碟子②。

视频二维码：
对虾雕刻视频

3. 工艺流程

定型修出虾身→修出身子弧度→雕刻虾头、虾枪→雕刻背甲→雕刻虾尾、虾腿→对虾主题雕刻作品成型

4. 制作步骤

（1）将胡萝卜切成约2厘米的厚片③。

（2）画出对虾的轮廓线条，头占一份，身子和尾巴占两份④。

（3）沿着线条刻出大型，去除多余废料⑤。

（4）雕刻虾枪、虾头⑥⑦。

（5）画出身子线条，修窄成倒三角形，头前部修窄，身子修圆⑧。

（6）画出头胸甲和身子的线条，用异形刀刻出轮廓，并将棱角修掉⑨⑩。

（7）将身体分为六份，用中号拉刻刀斜刀刻出背甲，将棱角修平整⑪⑫。

（8）雕刻虾尾，呈张开的扇形，并从尾部去除废料至底部第一节位置⑬⑭。

（9）从尾到头片一层薄片，连接身体处不断，雕刻虾的前脚和身体下的脚⑮⑯⑰。

（10）将多余的废料去掉，取下雕好的虾⑱。

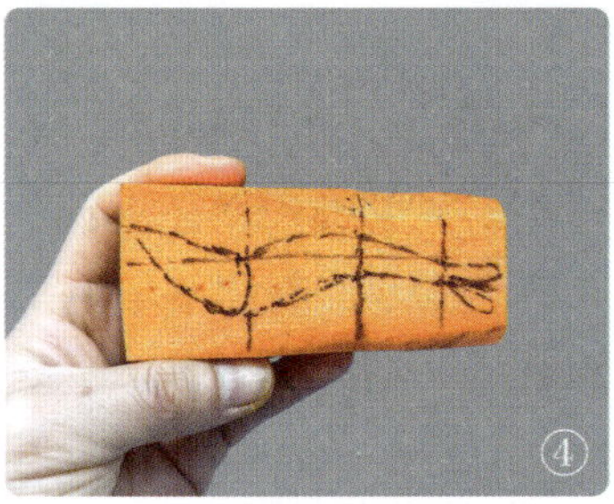

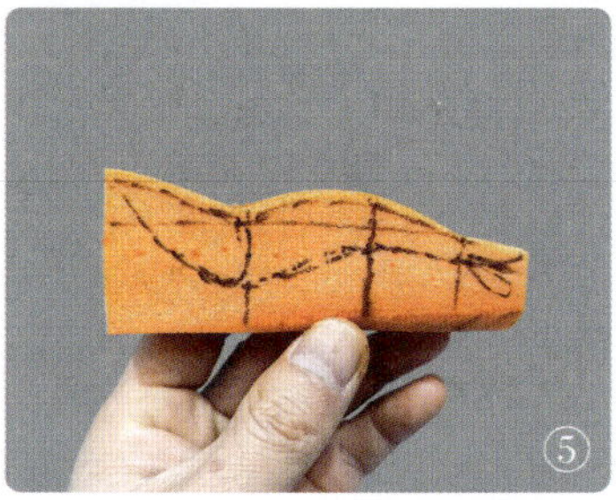

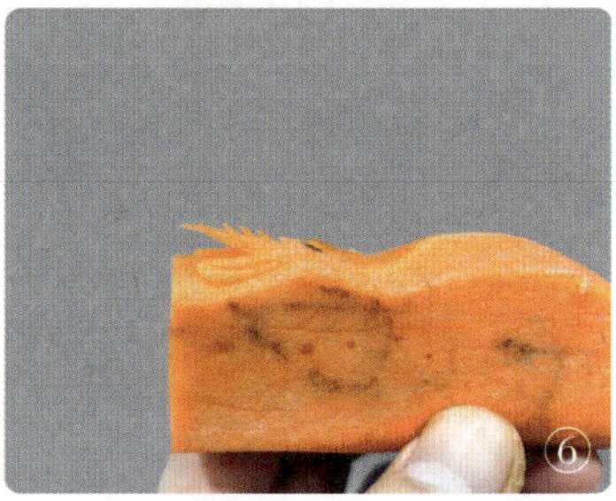

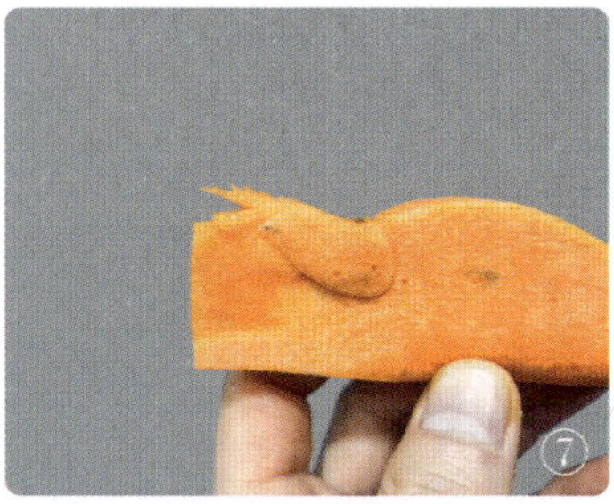

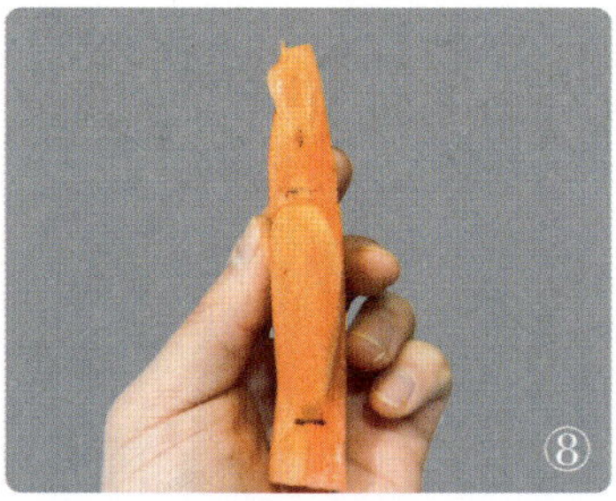

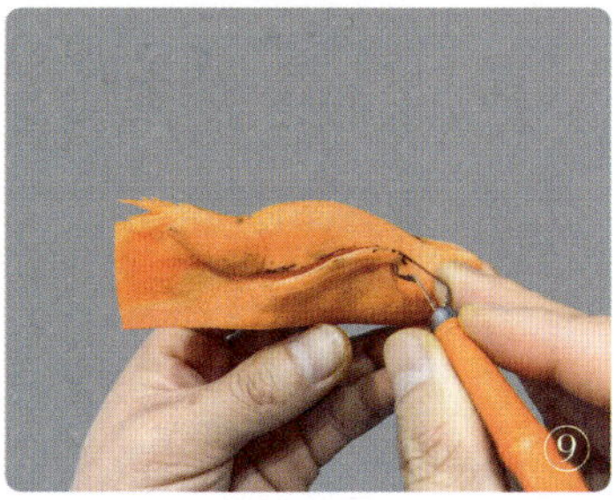

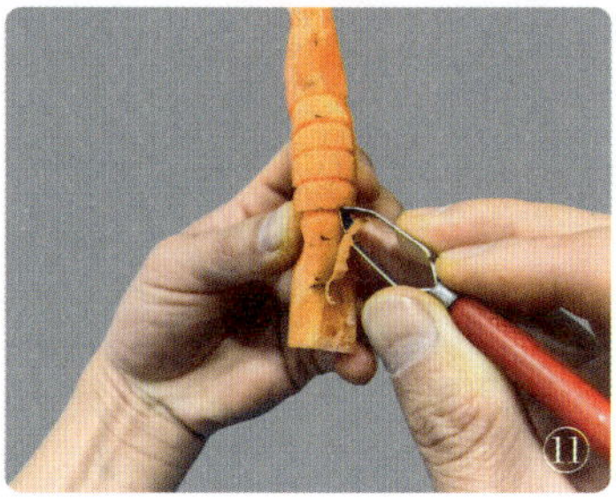

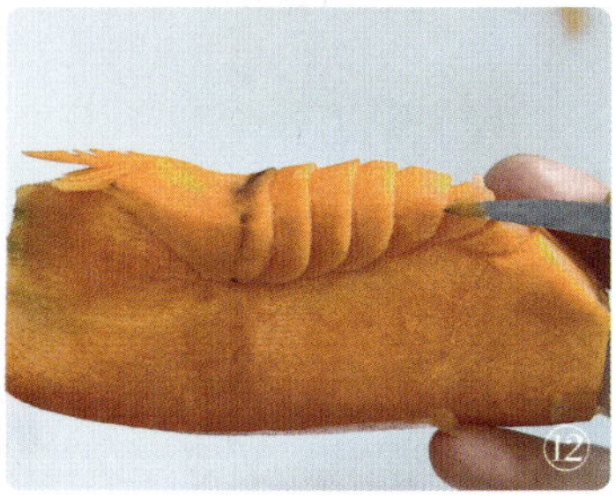

（11）对虾成品⑲。

（12）提前雕刻好底座、水草、珊瑚、礁石、锁链、船锚⑳㉑。

（13）组装以对虾为主题的组合雕刻作品㉒。

（14）对虾主题雕刻成品㉓。

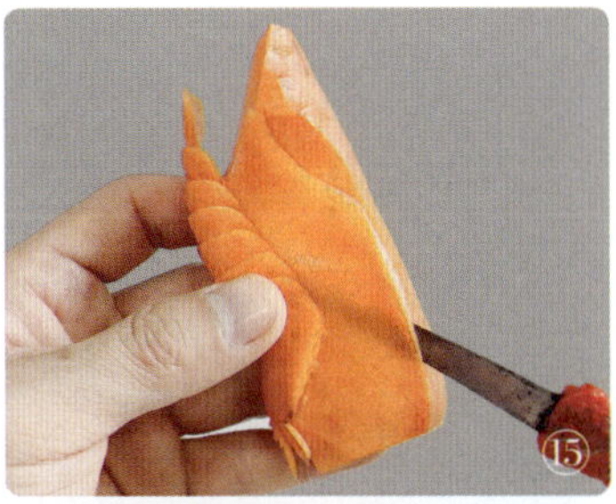

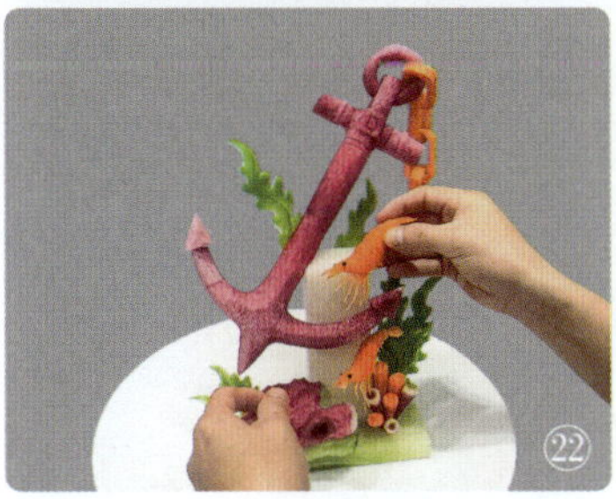

5. 制作要领

（1）雕刻虾，整体比例是关键，细节处理需要精细。

（2）要准确把握虾的结构，确定好每一处下刀位置和深度。

（3）虾身微微拱起，虾尾呈扇形。

（4）虾整体完整无缺、形态逼真、姿态灵动。

三、任务思考与练习

（1）雕刻对虾的关键点在哪里？

（2）设计一款以对虾为主题的雕刻作品。

四、任务评价

实训任务评价表格见附录1。

实训任务2　鲤鱼

一、任务知识

鲤鱼，鲤形目鲤科成员，体侧扁，头小。体色多样，背灰黑或黄褐色，侧金黄，腹灰白。中国文化中，鲤鱼象征勇毅精神，被视为鱼文化的代表。鲤鱼常用于雕刻盘饰，材料包括胡萝卜、南瓜、白萝卜等。作为吉祥物，鲤鱼代表年年有“鱼”。雕刻鲤鱼难度中等，需注意比例结构。雕刻作品常与虾蟹、水浪等配件搭配，以展示菜肴美感和突出主题。

二、任务实施

视频二维码：
鲤鱼雕刻视频

1. 原料准备

胡萝卜、白萝卜①。

2. 工具准备

雕刻主刀、大切刀、大小异形刀、V形戳刀、细号拉刀、502胶水、碟子②。

3. 工艺流程

定鱼身→拉头部、腹部轮廓→雕刻鱼眼睛、鱼嘴、鱼鳞、鱼尾→粘接尾巴→粘接鱼鳍、鱼须→鲤鱼成品雕刻成型

4. 制作步骤

（1）取胡萝卜用主刀开出鱼的身体，呈半圆状③。

（2）用大小异形刀拉出头部、腹部的轮廓④。

（3）雕刻鱼脸、鱼眼、鱼嘴，细化脸部，用细号拉刀拉出头部线条⑤。

（4）用主刀片出鱼身上的鳞片，再用V形戳刀将鳞片往中间戳⑥。

（5）再用502胶水粘接制作尾巴的原料，刻出尾巴形状⑦。

（6）用异形刀拉出背部与腹部的鱼鳍，再用502胶水粘接上去⑧⑨⑩。

（7）最后拉出鱼须粘接到鱼嘴两边。

（8）鲤鱼成品⑪。

（9）提前用白萝卜雕刻水浪底座⑫。

（10）组装以鲤鱼为主题的组合雕刻⑬。

（11）鲤鱼主题成品⑭。

①

②

③

④

⑤

⑥

⑦

⑧

⑨

⑩

⑪

⑫

5. 制作要领

（1）雕刻鲤鱼定好鱼身是关键，细节处理需要精细。

（2）粘接尾巴需要有弧度，鲤鱼整体形态为弧形。

（3）鲤鱼整体完整无缺，形态逼真、观赏性强。

三、任务思考与练习

（1）雕刻鲤鱼的难点在哪里？

（2）设计一款以鲤鱼为主题的雕刻作品。

四、任务评价

实训任务评价表格见附录1。

实训任务3 神仙鱼

一、任务知识

神仙鱼，热带观赏鱼，被誉为"热带鱼皇后"，体长12～15厘米，体扁菱形，游姿优雅。分布于多个海域，喜弱酸性软水环境，性格温和，食性多样。神仙鱼常用于食品雕刻主题中，常用原料包括胡萝卜、南瓜等，与珊瑚、水草等元素搭配，形象生动。

二、任务实施

1. 原料准备

胡萝卜、青萝卜、白萝卜、心里美萝卜①。

2. 工具准备

雕刻刀、牙签、502胶水、水溶性铅笔、碟子②。

视频二维码：
神仙鱼雕刻视频

3. 工艺流程

粘接原料→画比例结构图→定大型→粘接背鳍→雕刻背鳍、鱼鳃、鱼肚、鱼嘴、鱼

鳍→刻鱼鳞→雕刻腹鳍和胸鳍→组装成品

4. 制作步骤

（1）胡萝卜切成2厘米的厚片，粘接成长宽比例为2：1的料③。

（2）画出神仙鱼比例结构图，并沿着线条修出大型④⑤。

（3）另取原料粘接至神仙鱼的背鳍位置，画出身体轮廓线条⑥。

（4）雕刻背鳍、鱼鳃、鱼肚，开出鱼嘴，装上鱼眼⑦⑧⑨⑩。

（5）掏出鱼鳍和鱼尾的凹槽，用中号拉刻刀刻出鱼鳍纹理，并修薄边缘⑪⑫。

（6）从左往右依次刻出鱼鳞，注意前两片鱼鳞压着下一片⑬。

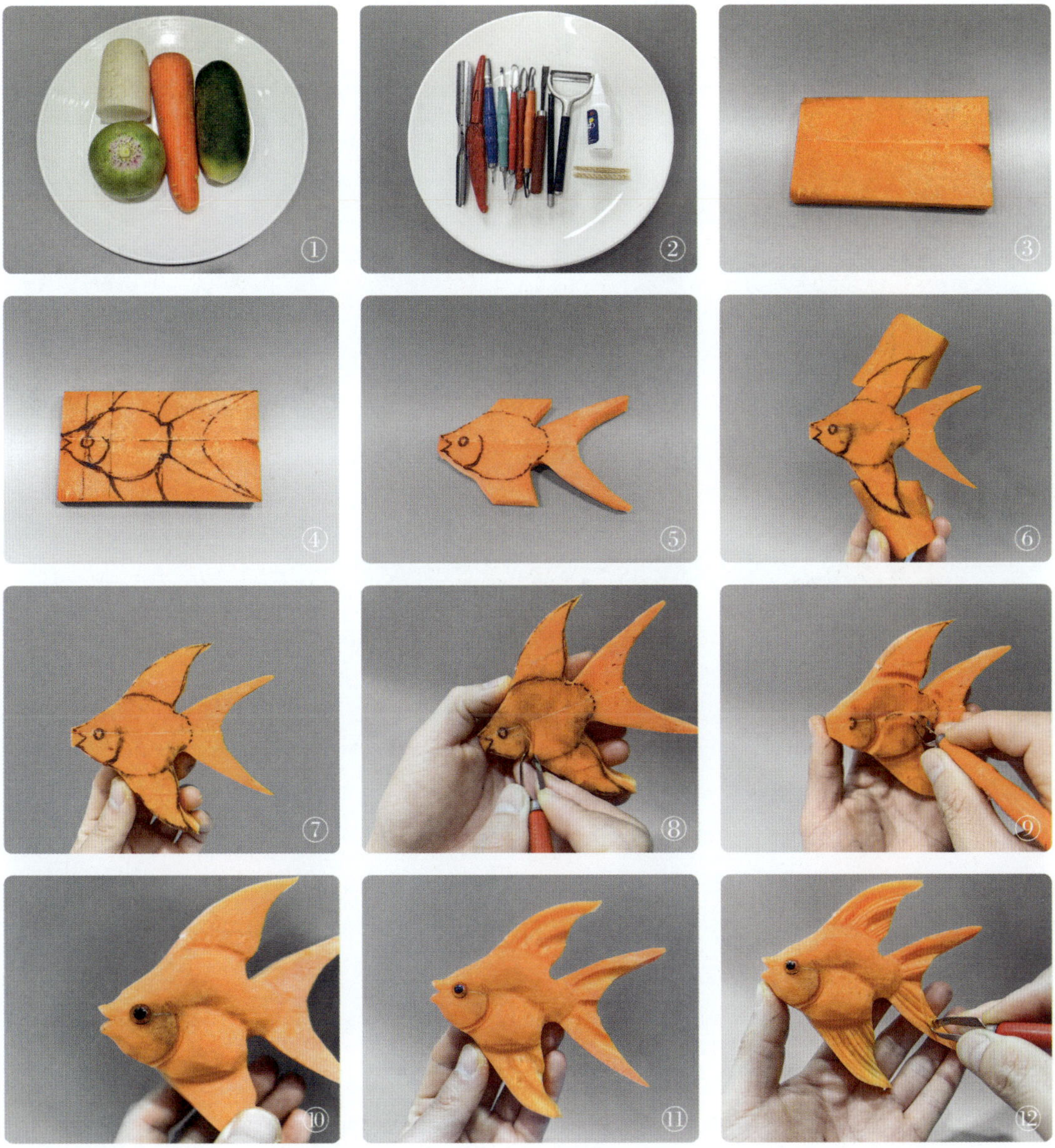

（7）另取原料雕刻腹鳍和胸鳍，并粘接到相应位置⑭⑮。

（8）神仙鱼成品⑯。

（9）提前雕刻好底座、荷花、荷叶、水草⑰⑱。

（10）组装以神仙鱼为主题的组合雕刻作品⑲。

（11）神仙鱼主题雕刻成品⑳。

⑬

⑭

⑮

⑯

⑰

⑱

⑲

⑳

5. 制作要领

（1）雕刻神仙鱼定出结构是关键，细节处理要干净利落。

（2）神仙鱼的整体比例要恰当。

（3）神仙鱼形态要飘逸，两边鱼鳍要有灵动感。

（4）神仙鱼整体完整无缺，形态逼真、观赏性强。

三、任务思考与练习

（1）雕刻神仙鱼的关键点在哪里？

（2）设计一款以神仙鱼为主题的雕刻作品。

四、任务评价

实训任务评价表格见附录1。

项目七　鸟类雕刻实训

项目导学

在食品雕刻领域，鸟类雕刻是初学者频繁练习的项目。通过学习制作基础的小鸟模型，掌握雕刻技巧和鸟类的特征，随后逐步深入学习其他种类的鸟类，可以有效提升学习者的兴趣和自信。本项目采用模块化雕刻方法，结合书本和视频教程，使得学习过程既简单又直观。鸟类雕刻在烹饪艺术中常被用来增强菜品的视觉吸引力，通常与花卉、云彩等装饰元素一同使用。初学者可以通过复制白描绘画来学习鸟类雕刻。本项目特别选取了小山雀、仙鹤、老鹰等具有代表性的鸟类，以帮助学习者迅速掌握雕刻技巧，并能够举一反三。

学习目标

知识目标

1 掌握鸟类雕刻方法，深入理解并掌握鸟类雕刻的各个步骤，以及雕刻过程中需要注意的细节，从而能够精确地再现鸟类的形态和特征。

2 掌握鸟类的结构分布特点，包括它们的骨骼结构、肌肉分布以及羽毛的排列方式，以便在雕刻过程中能够更加真实地还原鸟类的自然形态。

3 掌握食品雕刻刀具的综合使用方法，了解不同刀具的特性及其适用场景，从而在雕刻过程中能够灵活运用各种刀具，创造出更加精细和生动的鸟类雕刻作品。

能力目标

1 会鸟类的制作方法以及整个工作流程，包括从材料的选择到最终成品的每一个步骤。

2 能够掌握设计鸟类主题雕刻的技巧，这包括对鸟类形态、特征的理解以及如何将这些元素融入雕刻作品中。

3 能够运用多种鸟类雕刻方法，掌握鸟类的雕刻技法，这不仅包括基本的雕刻技巧，还需要对鸟类的羽毛、骨骼结构等细节有深入的认识和表现能力。

素养目标

1 通过多样化的实践活动和竞赛，培养学生们的实践能力，并且鼓励追求卓越、精益求精的工匠精神。

2 在日常教育中培养学生们的节约意识，引导他们形成注重个人和公共卫生的良好习惯，从而为社会培养出具有责任感和环保意识的未来公民。

3 通过学习和实践雕刻艺术，培养学生对传统技艺的热爱，让他们了解并传承这些宝贵的手艺，以保持文化多样性和历史连续性。

实训任务1 小山雀

一、任务知识

山雀广泛分布，除南美洲、大洋洲和极地外，栖息于林地和花园。群居且善鸣叫，能倒挂在细枝上。主要以昆虫为食，部分种类也吃种子和浆果。繁殖季节喂雏鸟昆虫，巢内常衬以苔藓，部分种类添加毛发或羽毛。小山雀常用于雕刻盘饰，材料包括胡萝卜、南瓜等。雕刻时需注意鸟类特征，因其身体呈椭圆形。本任务介绍整雕小山雀，包括粘接爪子，操作简单。小山雀造型美观，适合作盘饰，常与花草搭配，增强菜肴美感和突出主题。

二、任务实施

视频二维码：小山雀雕刻视频

1. 原料准备

胡萝卜、青萝卜①。

2. 工具准备

雕刻主刀、大小异形刀、细号拉刀、502胶水、仿真眼、碟子②。

3. 工艺流程

定出鸟头→雕刻鸟嘴→雕刻眼睛→雕刻鸟身→雕刻鸟尾巴→定出大腿→雕刻鸟爪→小山雀成品雕刻成型

4. 制作步骤

（1）取胡萝卜用主刀斜切一块原料，定出鸟头和鸟嘴③④。

（2）用主刀拉出两块背部、雕刻身体，用异形刀定出两边翅膀⑤。

（3）用主刀雕刻出尾巴，数量为11～13片，注意羽毛层次⑥。

（4）定出身体、大腿位置，用细号拉刀拉出尾羽⑦。

（5）再用细号刀细化头部、身体、翅膀羽毛⑧。

（6）另取胡萝卜，雕刻鸟爪，用502粘接大腿上⑨⑩⑪。

（7）小山雀成品⑫。

（8）提前用胡萝卜雕刻出牡丹花、叶子、小草⑬。

（9）组装以小山雀为主题的组合雕刻。

（10）小山雀主题成品⑭。

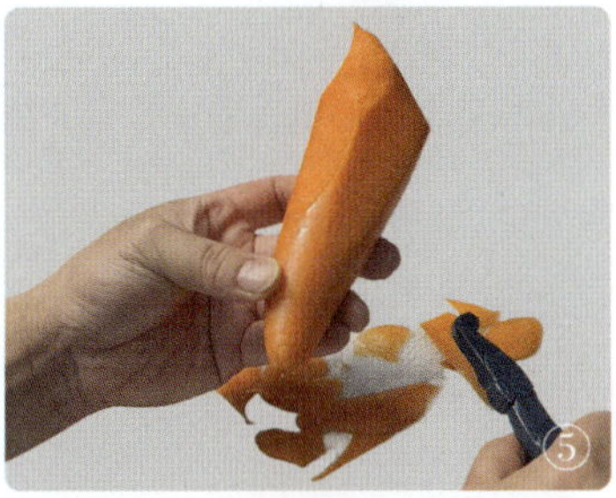

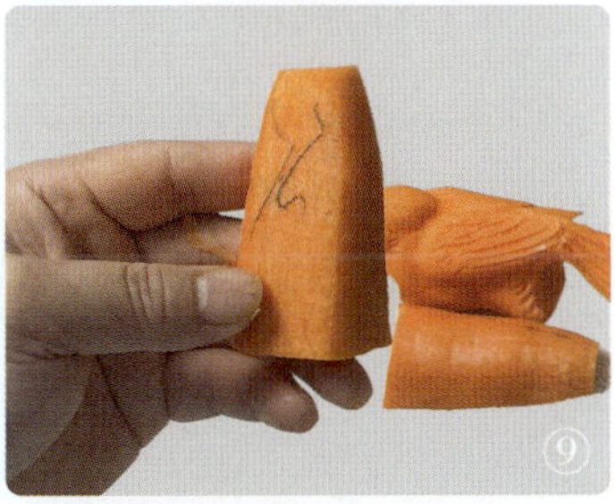

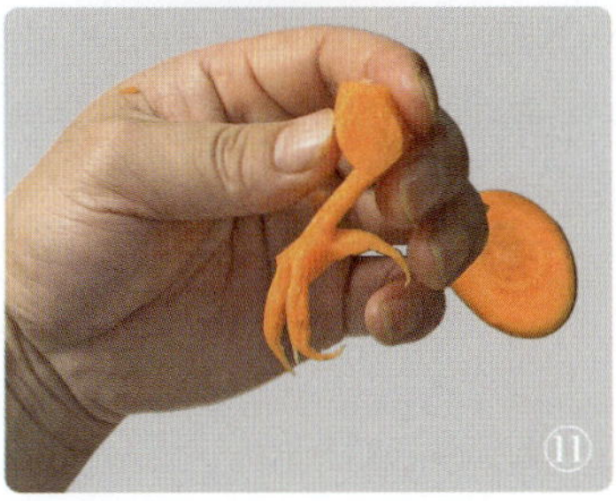

5. 制作要领

（1）雕刻小山雀比例协调是关键，细节处理需要精细。

（2）小山雀身体整体为椭圆形，注意鸟爪要有勾力且精细。

（3）小山雀整体完整无缺，形态逼真、观赏性强。

三、任务思考与练习

（1）雕刻小山雀的头，身体，尾巴比例为多少合适？

（2）设计一款以小山雀为主题的雕刻作品。

四、任务评价

实训任务评价表格见附录1。

实训任务2　仙鹤

一、任务知识

丹顶鹤，又称仙鹤，是一种大型涉禽，体长1.2～1.5米，雄性稍大于雌性。它们有灰黑色条纹的颈部两侧，耳羽上有白色斑点，虹膜为暗褐色，头顶朱红色。成年丹顶鹤的喉颈、次级和三级飞羽为黑色，嘴淡黄绿色，尾巴白色，腿和足为铅黑色。幼鸟呈淡褐黄色，初级飞羽尖端黑色，颈部和次级飞羽为暗褐色或灰色。在中国传统文化中，丹顶鹤象征幸福、吉祥、长寿和忠贞。仙鹤造型常用于雕刻盘饰，材料包括胡萝卜、南瓜、白萝卜和心里美萝卜等。仙鹤雕刻相对简单，形态为椭圆形，常与荷花、荷叶、水草等装饰性配件搭配。许多雕刻师用仙鹤雕刻作品作为盘饰，以提升菜肴档次，强调主题和美感。

二、任务实施

1. 原料准备

胡萝卜、白萝卜、青萝卜①。

2. 工具准备

雕刻主刀、大切刀、大小异形刀、细号拉刀、U形戳刀、502胶水、仿真眼、碟子②。

视频二维码：
仙鹤雕刻视频

3. 工艺流程

雕刻出脖子和嘴巴→粘接身体→定出尾巴，大腿→雕刻翅膀→雕刻爪子→仙鹤成品雕刻成型

4. 制作步骤

（1）取白萝卜雕刻出仙鹤脖子，再取胡萝卜斜切出接口，与仙鹤脖子粘接好③。

（2）用主刀雕刻出嘴巴、额头、眼睛④。

（3）取白萝卜雕刻出身体，粘接头部，定出尾巴羽毛和腿部⑤⑥。

（4）取白萝卜雕刻出翅膀，呈飞羽形，粘接仙鹤背部⑦⑧。

（5）雕刻出爪子，粘接在大腿上⑨⑩⑪。

（6）仙鹤成品⑫。

（7）提前用白萝卜雕刻出荷花、荷叶、水草、假山为底座⑬。

（8）组装以仙鹤为主题的组合雕刻。

（9）仙鹤主题成品⑭。

①

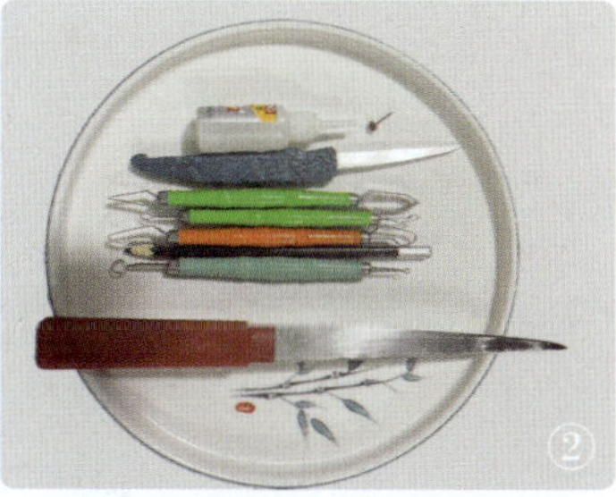
②

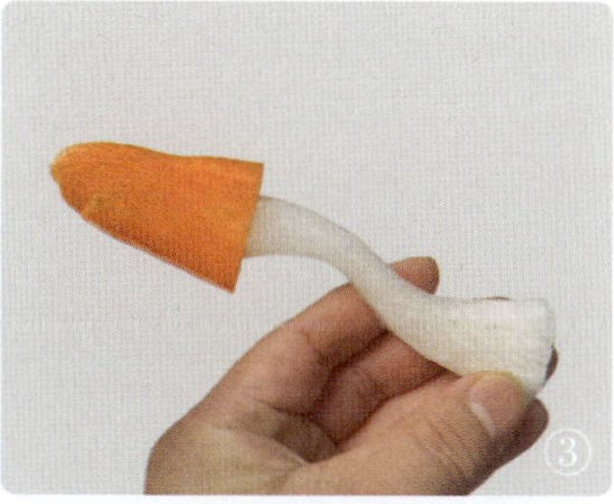
③

④

⑤

⑥

5. 制作要领

（1）仙鹤的结构位置要准确，整体的比例要恰当。

（2）仙鹤翅膀是飞羽，要展翅，爪子要精细且有力。

（3）仙鹤整体完整无缺，形态逼真、观赏性强。

三、任务思考与练习

（1）雕刻仙鹤的关键点在哪里？

（2）设计一款以仙鹤为主题的雕刻作品。

四、任务评价

实训任务评价表格见附录1。

实训任务3　老鹰

一、任务知识

古代人类崇拜鹰，因其是勇敢、飞翔和力量的象征。老鹰雕刻是常见的盘饰设计，材料多样，常见于宴会和美食展示。工艺复杂，需展现鹰的强劲抓握力。常以花草、水波等元素搭配，增强美感。雕刻师用老鹰主题装饰菜肴，凸显雄伟气势，提升档次，强调主题和视觉吸引力。

二、任务实施

视频二维码：
老鹰雕刻视频

1. 原料准备

胡萝卜、白萝卜①。

2. 工具准备

雕刻主刀、大切刀、异形刀、双刃弯刀、细号拉刀、502胶水、碟子②。

3. 工艺流程

定出鹰头→雕刻鹰嘴→雕刻眼睛→粘接鹰身、鹰腿→片出鹰羽→雕刻鹰尾→雕刻翅膀→雕刻鹰爪→老鹰成品雕刻成型

4. 制作步骤

（1）取胡萝卜片斜切出一块原料，雕刻鹰头、鹰眼和鹰嘴③④⑤⑥。

（2）再选用胡萝卜粘接出身体和大腿的大型粗坯，鹰头粘接上去⑦⑧⑨。

①

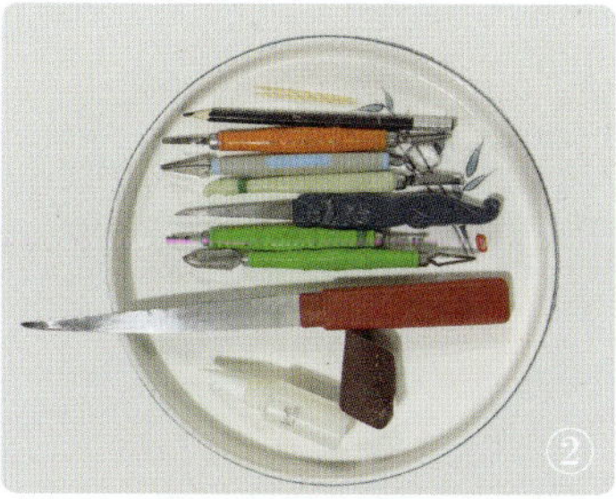
②

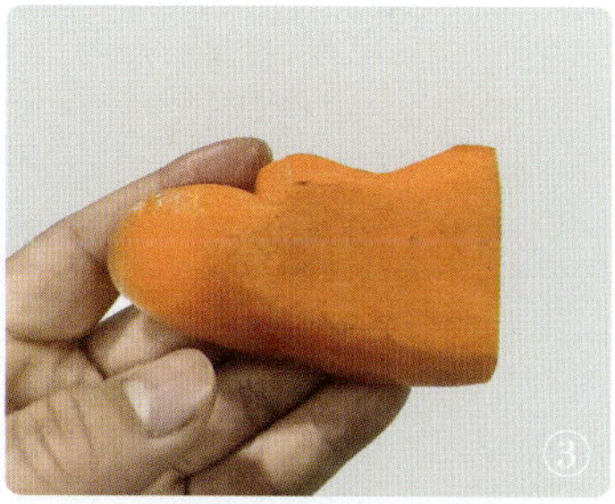
③

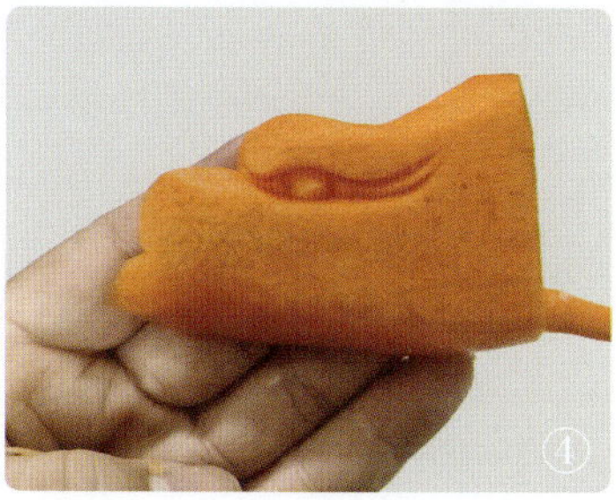
④

⑤

⑥

（3）用双刃弯刀片出身体和大腿羽毛，再用细号拉刀细化羽骨⑩。

（4）选用胡萝卜用主刀雕刻出尾部羽毛，呈扇形，用细号拉刀细化，一般11～13片⑪⑫。

（5）另取胡萝卜粘接翅膀，用主刀片出羽毛，再用主刀刻出飞羽，粘接于腹羽处，呈张开状的飞翅显得更加霸气⑬⑭⑮⑯⑰。

（6）另取胡萝卜，雕刻出鹰爪，再用502粘接大腿上⑱⑲。

（7）将雕刻好的翅膀、尾巴粘接上去，老鹰成品⑳。

（8）提前用白萝卜雕刻出水浪㉑。

⑦

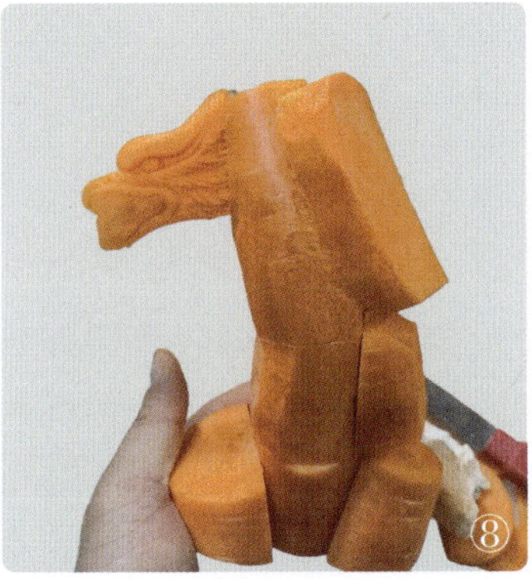
⑧

⑨

⑩

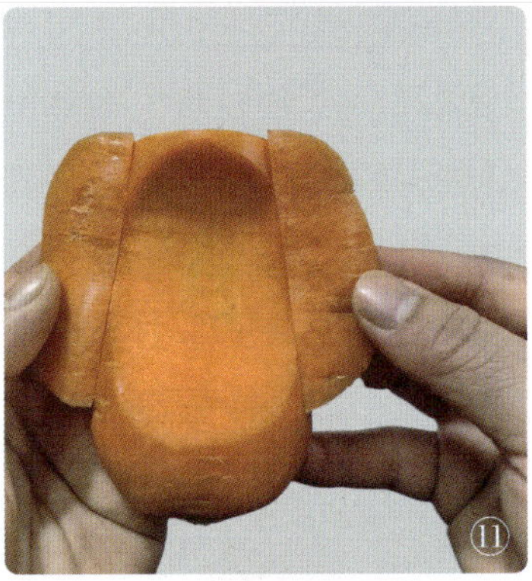
⑪

⑫

⑬

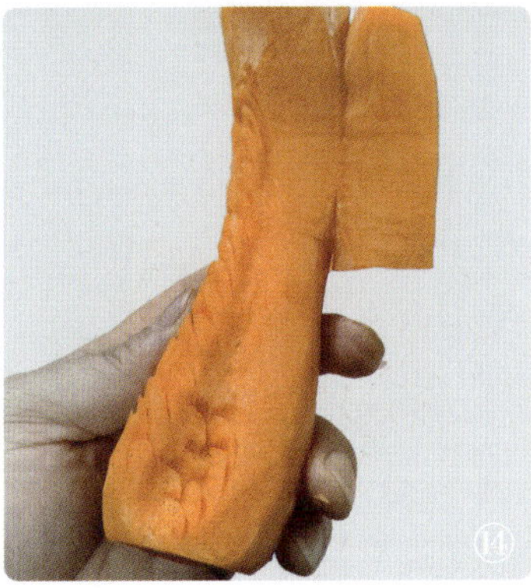
⑭

⑮

（9）组装以老鹰水浪为主题的组合雕刻。

（10）老鹰主题成品㉒。

⑯

⑰

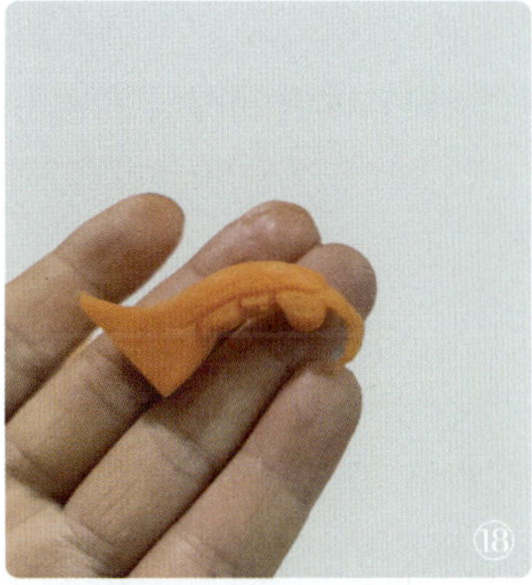
⑱

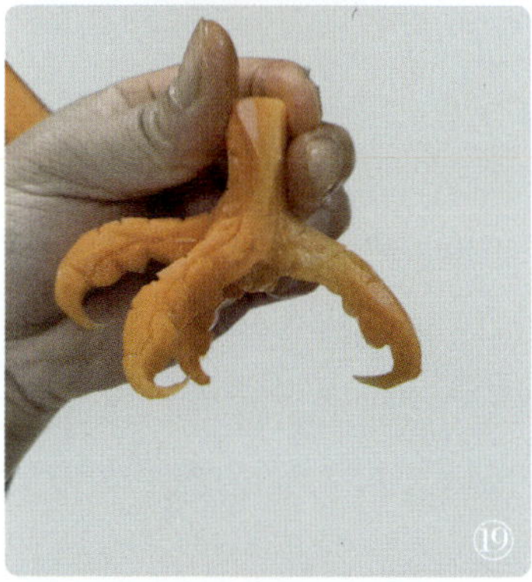
⑲

⑳

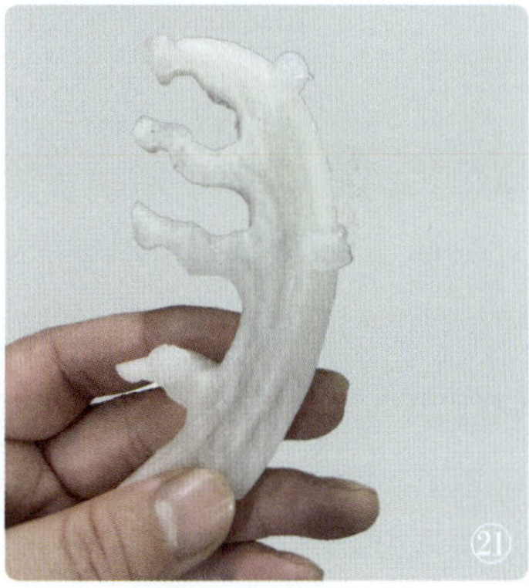
㉑

㉒

5. 制作要领

（1）老鹰头部要雕刻好，羽毛需要精细。

（2）老鹰的结构位置要准确，整体的比例要恰当。

（3）老鹰大型粘接需要合理，鹰爪要够力，翅膀呈张开状。

（4）老鹰整体完整无缺，形态逼真、观赏性强。

三、任务思考与练习

（1）雕刻老鹰的难点在哪里？

（2）设计一款以老鹰为主题的雕刻作品。

四、任务评价

实训任务评价表格见附录1。

项目八　综合雕刻实训

项目导学

综合雕刻在精研基础技法之上实现技艺跃升，教材梯度式推进教学难度。重点解析龙、凤、雄鸡等酒店高频应用的祥禽瑞兽造型，兼具实用价值与技法拓展性，系统培养符合现代酒店雕刻岗位需求的核心素养。本项目教学对创作能力提出进阶要求，鸟兽类雕刻须精选体量饱满、质地致密的雕刻原料。重点涵盖原料保鲜工艺、介质特性分析、色彩美学应用及主题意境营造等专业维度。针对复杂造型结构，需灵活运用多种雕刻技法和刀具表现手法，精准捕捉猛兽肌理结构与动态张力，通过虚实相生的艺术处理手法，使作品既具传神形态又富审美意趣。

学习目标

知识目标

1 了解鸟兽类雕刻中原料组合拼接的原理。

2 掌握鸟兽类雕刻材料的选择鉴别要点，能够根据雕刻需求挑选质地、韧性、色泽等合适的原料。

3 理解鸟兽类在历史传统文化中的象征意义、相关神话传说、文学艺术作品中的体现等知识，深入挖掘龙、凤、雄鸡等在中华文化中的独特内涵，丰富雕刻创作的文化底蕴。

能力目标

1 能够精细描绘动物的五官、肢体等细节，并掌握色彩搭配的技巧，使作品在色彩上达到和谐统一，同时突出主题。

② 掌握从构思、选材、雕刻细节、组装到后期修饰的完整兽类雕刻流程，确保以高效率和高质量完成雕刻作品。

③ 在鸟兽类雕刻中灵活运用多种刀法技巧，根据动物不同部位的形态和质感需求，选择合适的刀法来展现毛发的质感、骨骼的结构、肌肉的起伏等，增强雕刻作品的表现力。

素养目标

① 通过鸟兽类雕刻实践，培养学生的实践能力和工匠精神，培养学生追求卓越品质，对雕刻细节精益求精，认真对待作品的态度。

② 在鸟兽类雕刻学习中，培育学生的人文精神和审美能力，创作技艺与艺术美感兼具的作品。

③ 通过学习龙、凤等具有中华文化底蕴的兽类雕刻，树立学生传承和弘扬中华优秀传统文化的意识，增强文化自信和民族自豪感，激发学生传播和弘扬传统文化的热情。

实训任务 1　雄鸡

一、任务知识

雄鸡造型的食品雕刻在烹饪中具有特殊意义，常作为节日和庆典餐桌的中心装饰，增添艺术美感和吉祥寓意，营造欢乐气氛，展示厨师技艺。雄鸡雕刻是盘式装饰的常用元素，材料包括各种萝卜和南瓜，常见于酒店宴会和美食展示。广东有“无鸡不成宴”的说法，因此公鸡雕刻作品常用于展示菜肴的美感和主题。

二、任务实施

视频二维码：雄鸡雕刻视频

1. 原料准备

胡萝卜、白萝卜、青萝卜①。

2. 工具准备

雕刻主刀、大切刀、大小异形刀、细号拉刀、O形掏刀、502胶水、仿真眼、水溶性铅笔、碟子②。

3. 工艺流程

雕刻鸡头→粘接身体，雕刻出背部→主刀修出背部羽毛→定出翅膀→拉出身体鳞片和翅膀羽毛→雕刻爪子→雄鸡成品雕刻成型

4. 制作步骤

（1）取胡萝卜用主刀刻出雄鸡头部，分别雕刻出鸡冠、鸡嘴、鸡眼、肉垂、

脸颊③④⑤。

（2）取胡萝卜斜切出接口，鸡头粘接上去⑥。

（3）雕刻出雄鸡脖子羽毛，胡萝卜粘接出身体、翅膀、背部⑦⑧⑨。

（4）主刀拉出雄鸡身体鳞片和翅膀羽毛⑩⑪⑫。

（5）雕刻出雄鸡一只着地的鸡爪，另一只脚爪雕刻好并粘接在雄鸡腿部⑬⑭⑮。

（6）主刀片出羽毛，细号拉刀拉出长短不一的纹路，并分别粘接到雄鸡尾部⑯。

（7）雄鸡成品⑰。

（8）提前用白萝卜雕刻出菊花和底座，青萝卜雕刻出竹子。

（9）组装以雄鸡为主题的组合雕刻。

（10）雄鸡主题成品⑱。

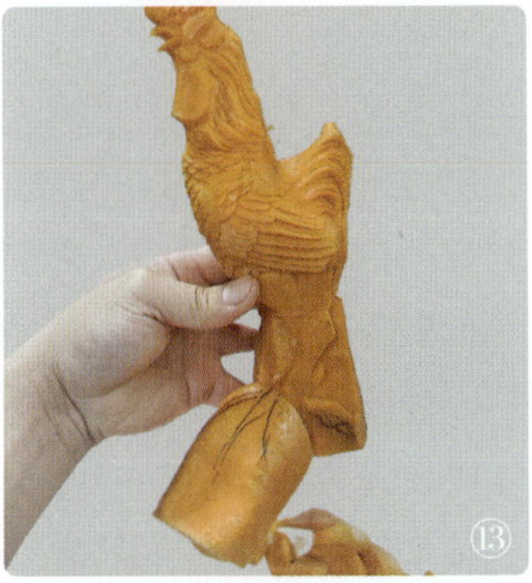

5. 制作要领

（1）雕刻雄鸡头部与身体是关键，细节处理需要精细。

（2）雄鸡的结构位置要准确，整体的比例要恰当。

（3）粘接尾巴需要有弧度，鸡爪要有力且精细。

（4）雄鸡整体完整无缺，形态逼真、观赏性强。

三、任务思考与练习

（1）雄鸡主题可以搭配哪些元素组合？

（2）设计一款以雄鸡为主题的雕刻作品。

四、任务评价

实训任务评价表格见附录1。

实训任务2　蛟龙

一、任务知识

在中国文化中，蛟龙是神秘而强大的象征，它在神话、民间信仰、艺术和哲学中都扮演着重要角色。神话中的蛟龙是海底的主宰，民间视其为祥瑞，古代帝王则以龙自比，象征统治地位。蛟龙形象常见于吉祥物和多种艺术形式，如绘画、雕塑等，体现了对自然和神秘生物的敬畏。

蛟龙雕刻是中国特色艺术，展现了龙文化和食品雕刻技艺。雕刻材料多样，如胡萝卜、南瓜等，使得蛟龙雕刻在颜色和形态上变化丰富。雕刻技法包括立体整雕、组装雕、镂空雕及浮雕等。通过学习蛟龙雕刻，可掌握综合刀法和立体雕刻技能。

二、任务实施

视频二维码：
蛟龙雕刻视频

1. 原料准备

胡萝卜、白萝卜、青萝卜、心里美萝卜①。

2. 工具准备

雕刻刀、502胶水、牙签、碟子②。

3. 工艺流程

雕刻蛟龙头部→雕刻蛟龙身子、爪子→组装蛟龙的各个部件→设计蛟龙主题成品

4. 制作步骤

（1）取胡萝卜修成长方体，雕刻蛟龙头部分别为龙五官、龙须、龙角③④⑤⑥⑦。

（2）取胡萝卜雕刻龙身初坯备用⑧⑨。

（3）将蛟龙身细化雕刻出腹部、龙鳞、龙背毛发、龙尾⑩⑪⑫⑬⑭。

（4）取胡萝卜雕刻龙腿，并在龙腿上刻画龙鳞⑮。

（5）雕刻龙爪并粘接到龙腿上作龙脚⑯⑰。

（6）蛟龙成品⑱。

（7）提前雕刻底座、云彩、山石⑲。

（8）组装以蛟龙为主题的组合雕刻⑳。

（9）蛟龙主题成品㉑。

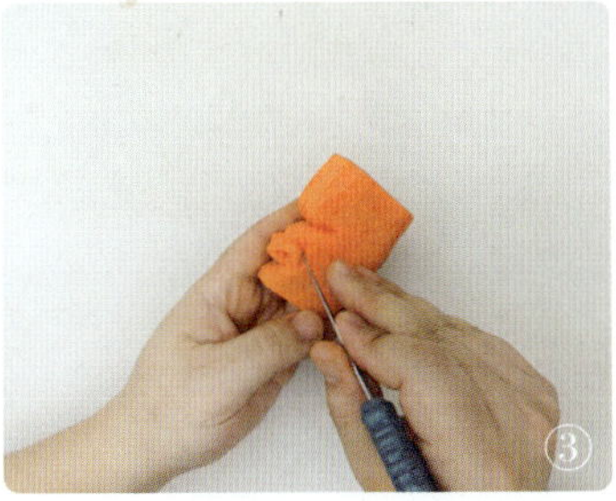

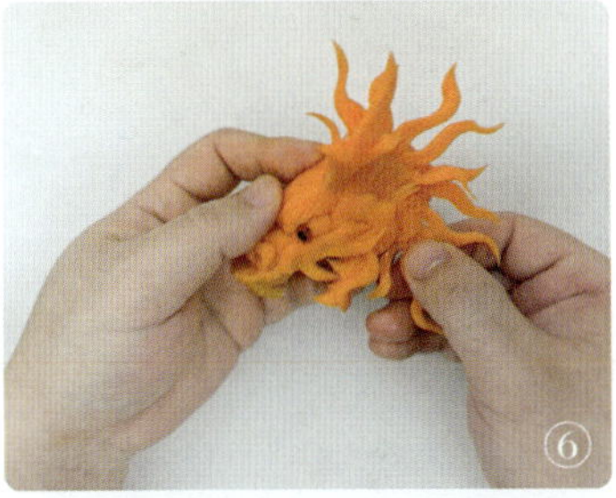

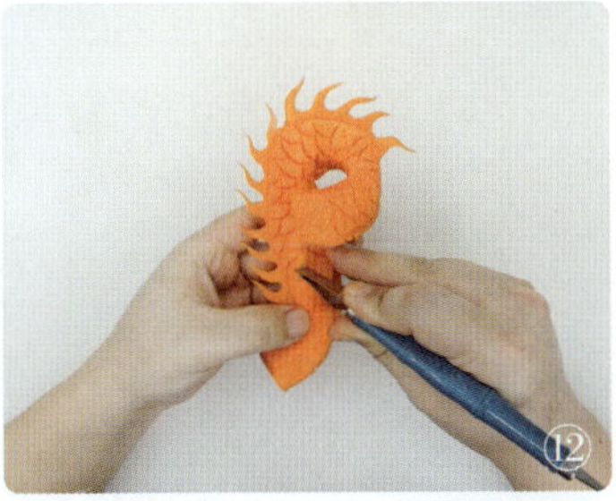

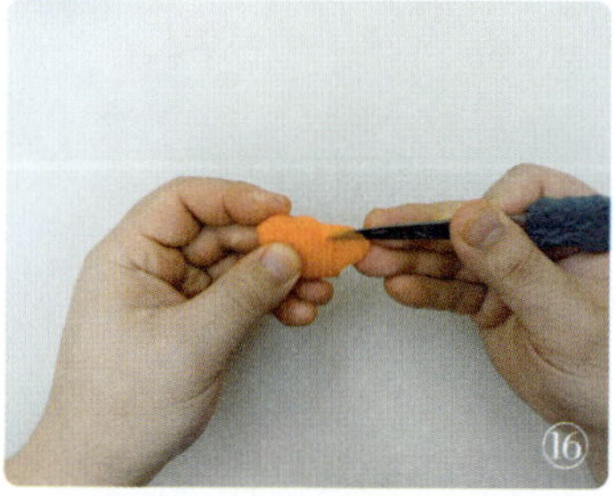

5. 制作要领

（1）蛟龙整体完整，蛟龙各个部件结构比例要协调，形态栩栩如生、气势如虹。

（2）采用组装雕刻的方法和写实相结合的雕刻方法进行创作。

（3）雕刻龙身时注意角度的变化，凸显龙身的自然卷曲形态。

三、任务思考与练习

（1）龙在艺术创作方面有哪些作品？

（2）设计一款以蛟龙出海为主题的雕刻作品。

四、任务评价

实训任务评价表格见附录1。

实训任务3　凤凰

一、任务知识

凤凰在中国神话中扮演多重角色，既是沟通天地的桥梁，也象征皇权和理想君主。如“凤鸣岐山”预示周朝兴盛。凤凰常与龙等神话生物共同出现，象征太平盛世、品德和忠诚爱情。民间传说中，凤凰代表英雄事迹和夫妻和谐，如“百鸟朝凤”故事。凤凰也象征家庭和睦幸福。凤凰雕刻是复杂鸟兽雕刻之一，常与龙组合成“龙凤呈祥”，或与牡丹、云彩组合成“凤祥富贵”，体现中国传统文化。雕刻凤凰需用大体积、质地坚硬的材料，其造型结构复杂，雕刻技法深入。

二、任务实施

视频二维码：
凤凰雕刻视频

1. 原料准备

胡萝卜、白萝卜、青萝卜、心里美萝卜①。

2. 工具准备

雕刻刀、502胶水、铁丝、牙签、碟子②。

3. 工艺流程

雕刻凤凰头部、身体躯干→雕刻凤凰翅膀、凤尾、副羽→雕刻凤凰爪子→凤凰各个部位组装成型

4. 制作步骤

（1）取心里美萝卜，用雕刻刀刻画凤凰头颈部分大型，依次雕刻出凤嘴、头翎、凤冠、肉垂的细节③④⑤⑥⑦。

（2）将雕好的凤凰头颈部分粘接在凤凰的躯干初坯上，精细雕出凤凰的躯干⑧⑨⑩。

（3）取白萝卜、心里美萝卜搭配雕刻出凤凰的翅膀形状⑪⑫。

（4）取胡萝卜、白萝卜、青萝卜，刻出凤尾、副羽尾⑬⑭⑮。

（5）最后组装凤凰各个部件，形成完整的凤凰⑯⑰。

①

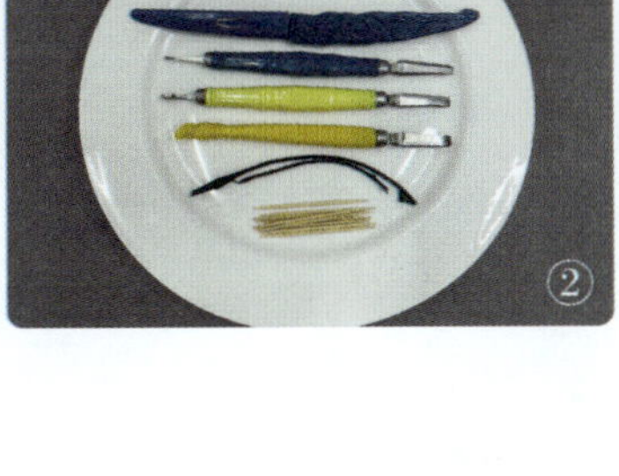

②

③

（6）凤凰成品⑱。

（7）提前雕刻底座、祥云、牡丹花、叶子⑲⑳。

（8）组装以凤凰为主题的组合雕刻㉑㉒。

（9）凤凰主题成品㉓。

⑲

⑳

㉑

㉒

㉓

5. 制作要领

（1）凤凰整体完整、形象生动，把握好凤凰各个部件的比例大小。

（2）凤凰与牡丹花组装时要注意协调性，突出主题为凤凰，达到神态自然。

（3）粘接凤凰各个部件时注意角度的变化，显出凤凰的自然美感。

（4）雕刻凤凰主题适合与龙、云彩、牡丹花等元素组合搭配。

三、任务思考与练习

（1）凤凰在我国传统文化中的地位与寓意是什么？

（2）设计一款以凤凰与龙为主题的雕刻作品。

四、任务评价

实训任务评价表格见附录1。

模块二

冷拼技术

项目一　冷拼基础知识

项目导学

本项目将深入探究冷拼知识，包括冷拼的概述与作用，了解其作为艺术佳肴在宴会中的重要性；追溯冷拼的起源与发展，领略其深厚的文化底蕴；重点关注冷拼食品卫生与安全，从制作环境、工具、原料到安全措施及中毒预防和处理等，全面学习如何制作既美味又安全的冷拼菜品。

学习目标

知识目标

1. 了解冷拼的概念、起源及发展。
2. 熟悉冷拼的作用。
3. 掌握冷拼的食品卫生与安全。

能力目标

1. 能够依据不同宴会主题，精准挑选合适原料、运用恰当刀法，拼摆出契合主题且美观的冷拼造型。
2. 熟练讲述冷拼的起源、发展、作用、卫生与安全知识，在实际操作中严格遵循卫生安全标准制作冷拼。
3. 善于借鉴古代冷拼技艺，结合现代需求，依据食材特性创新设计独具风格的冷拼造型，优化制作流程，降低卫生风险。

素养目标

1. 在冷拼制作过程中，培养学生注重细节、认真严谨对待每一个制作环节的工匠精神。
2. 通过学习冷拼悠久的历史与深厚的文化底蕴，增强学生对中华民族传统文化的认同感，树立文化自信。
3. 鼓励学生积极传承与弘扬中华优秀传统饮食文化，提升文化自信心，在餐饮领域展现文化担当。

任务1 冷拼概述与作用

任务导入

本任务聚焦于冷拼的概述以及它在餐饮领域所发挥的作用。借助学习这一过程，学习者能够正确认识冷拼，进而对其萌生兴趣，为传承饮食文化筑牢根基。

一、冷拼的概述

冷拼，也称为花色冷盘、花色拼盘或工艺冷拼，是指利用各种加工好的冷菜原料，通过采用不同的刀法和拼摆技法，按照一定的次序、层次和位置将冷菜原料拼摆成各种图案（如山水、花卉、鸟类等），从而提供给就餐者欣赏和食用的一门冷菜拼摆艺术。

在中餐宴会的流程中，中餐冷拼作为首道呈现给宾客的佳肴，以其绚烂多彩的外观、超凡脱俗的刀工技艺以及别出心裁的造型设计，瞬间吸引所有人的目光，令人赏心悦目、垂涎欲滴。它不仅能够让宾客在品味美食的同时享受到一场视觉上的极致盛宴，更以其独特的魅力，成为衡量整个宴席质量高低与氛围营造成功与否的关键所在，起到了“先入为主，引人入胜”的绝佳效果。

二、冷拼的作用

冷拼在餐饮中具有多重作用，具体来说，主要包括以下几个方面。

1. 突出宴会主题

在宴会中，冷拼的呈现首先需紧扣宴会的主题。制作冷拼之前，创作者需深入洞悉宴会的主旨与目标，据此精心构思并规划冷拼的布局与形态，确保所设计的图案不仅美观，而且与宴会主题相得益彰，避免盲目创作，以免徒劳无功，无法有效凸显宴会的核心意义。如喜庆的婚宴，设计师可巧妙构思龙凤呈祥、鸳鸯共浴、金鱼戏莲等富含吉祥寓意的图案，用以传递婚姻美满、恩爱绵长的美好祝愿；而在寿宴上，则可选用松鹤长春、寿桃盈盘、山水寿石等设计，寓意福寿安康、岁月悠长；至于庆功宴，锦上添花、前程似锦等图案则能恰如其分地表达事业有成、未来可期的祝贺之情；对于家庭团聚宴，幸福满溢、喜鹊登枝等设计，则生动展现了重逢的喜悦与团聚的温馨；至于迎宾宴，孔雀展翅、迎宾花篮等图案，则完美传达了热烈欢迎与友谊地久天长的深情厚谊。

2. 烘托宴会主题

冷拼通过精心构思和拼摆，能够直观地表达宴席的主题和氛围。例如，在庆祝节日或举办特定主题的宴会时，冷拼可以设计成与主题相关的图案和造型，从而强化主题效果，使就餐者更加深刻地感受到宴会的氛围和主题。

3. 提高宴会档次

冷拼的制作技艺精湛，要求刀工精细、配色考究，且注重整体布局和构图。因此，冷拼往往被视为高档宴席的重要组成部分，能够提升宴席的档次和品质，彰显主人的品位和待客之道。

4. 激发食客食欲

冷拼不仅具有观赏价值，还具有实用价值。它以精美的造型和丰富的色彩吸引就餐者的注意力，激发他们的食欲和好奇心。同时，冷拼中的食材多样，口感丰富，能够满足不同就餐者的口味需求。

5. 促进文化传承

冷拼是中国悠久的饮食文化孕育出的一颗璀璨明珠，其历史悠久且技艺精湛。通过冷拼的制作和展示，可以传承和弘扬中华饮食文化，让更多的人了解和欣赏这门独特的烹饪艺术。

三、任务思考与练习

（1）怎样将冷拼的多元作用更好融入日常餐饮实操中？

（2）怎样依据小众主题设计冷拼，精准烘托宴会氛围？

任务2 冷拼的起源与发展

任务导入

本任务深入探究冷拼领域，追溯其从三千年前殷商起源，由“饤”演化而来。讲述冷拼在唐代至近现代各时期的发展，集多元素于一体，要求从业者素养多元，展现冷拼魅力，为烹饪文化添彩。

一、冷拼的起源

冷拼，也称花色冷盘、花色拼盘、工艺冷拼等，其历史源远流长。据史料记载，冷拼制作起源于三千多年前的殷商时期，那时被称为“饤”。后来，这一技艺逐渐演变成“饾饤”，也称“饤饾”。在《礼记·表记》中就有“殷人尊神，率民以事神，先鬼而后礼”的描述，说明在当时这种拼盘主要是作为祭祀祖先的供品，而非供人食用的菜肴。然而，随着时间的推移，它逐渐发展成为一种既可供观赏又可食用的美食艺术。

二、冷拼的发展

1. 唐代

到了唐代，已经有了用菜肴仿制园林胜景的习俗，这标志着冷拼技艺在造型和创意上迈出了重要的一步。

2. 宋代

宋代时，冷拼技艺进一步发展，出现了以冷盘仿制园林胜景的形式。特别是当时宋代寺院中用冷菜仿制王维“辋川别墅”的胜景，被认为是世界上最早的花色冷拼。这一时期的冷拼不仅注重食材的搭配和色彩的协调，更在造型上追求逼真与生动。

3. 明清时期

明清之时，拼盘技艺更加精细，制作水平也达到了新的高度。这一时期的冷拼在刀工、配色和造型上都更加讲究，形成了独特的艺术风格。

4. 近现代

随着经济的发展和人们生活水平的提高，冷拼技艺得到了迅猛的发展。原料的使用范围不断扩大，取材也更加广泛。同时，冷拼的运用范围也在不断扩大，被越来越多的厨师所青睐和运用。在宴会、庆典等场合，冷拼已成为不可或缺的美食佳品。

冷拼艺术之所以备受瞩目，在于它巧妙地激发了食客对美食的潜在渴望。它要求烹饪工作者不仅要精通烹饪技艺，更要具备深厚的艺术修养和创新能力。如今，冷拼已成为烹饪艺术殿堂中一朵绚丽的奇葩，它融合了美术布局的智慧，讲究寓意吉祥、布局严谨、刀工精湛、拼摆匀称，同时兼顾食用性，这些特点已得到全国烹饪界的广泛认可。在此基础上，烹饪大师们不断推陈出新，创作出了一大批令人叹为观止的佳作，为中国烹饪文化增添了新的光彩。

三、任务思考与练习

（1）如何借鉴古代冷拼技艺，为现代冷拼创新提供灵感？

（2）怎样依据食材特性，设计出独具风格的冷拼造型？

任务 3 冷拼食品卫生与安全

任务导入

本次任务聚焦于冷拼食品，详细阐述了其卫生要求，涵盖制作环境、工具、设备以及原料等方面；深入解析了相关安全措施，诸如手部卫生、着装规范等内容；同时，还系统阐述了食物中毒的预防与处理办法，力求全方位保障冷拼食品的食用安全。

一、冷拼食品的卫生要求

1. 冷拼菜品制作环境的卫生要求

鉴于冷菜在制作工艺上具有独特性，饮食行业一般将其作为独立部门进行管理，常见名称有“熟食间”“冷拼间”“冷碟房”。这类专供冷拼制作的场所，务必达到严苛的卫生标准：要营造无蝇、无鼠、无蟑螂的环境，保证四壁光亮洁净、窗户明亮、室内一尘不染，杜绝油腻污垢残留，以此构建相对隔离的空间，切实防止冷拼菜品遭受污染。

此外，冷菜间还应装备换气通风与恒温设施，保障空气顺畅流通，维持操作环境的清爽宜人，同时要合理调控操作间温湿度，尽量减少操作人员出汗情况，打造无汗操作条件。通常，环境温度需控制在10～20℃，如此既能避免操作者汗液经手部沾染冷拼菜品，又能适度抑制冷拼菜肴的自氧化速率，这更是预防冷拼菜品腐坏变质的重要举措。

2. 冷拼菜品制作工具的卫生要求

在冷菜的制作流程里，与冷菜原料直接接触的各类加工工具，像形形色色的刀具、多种多样的用具（包括夹子、模具等）、砧板以及各类辅助器具，都起着举足轻重的作用。由于这些工具常常直接接触碰冷菜原料，所以它们必须是专用的，防止受到其他部门的不良干扰。

与此同时，为保障食品安全与卫生，这些工具在投入使用前，一定要经过严格的杀菌消毒步骤，诸如采用高温消毒法，或是运用消毒液进行细致清洗等方式。不仅如此，还务必严格遵循烹饪行业大力倡导的“双刀双板”准则，也就是将生熟食材分开进行加工处理，切实杜绝交叉污染现象，为冷菜的质量与安全保驾护航。

3. 冷拼间设备的卫生要求

冷菜间设备的卫生把控举足轻重，其间常用的设备包括用于存放冷菜原料及成品的冰箱、冰柜、货橱，以及用于摆放冷菜原料或冷拼菜品的操作台、货架等。

为切实保障食品质量与安全，冰箱或冰柜内部温度必须精准控制在 5～10℃，该温度区间不但能够留存冷拼菜品独有的风味，还可强力抑制微生物滋生繁衍。对于冰箱或冰柜，不仅要落实日常清理工作，还需每周展开一次全方位深度清洗，保证内部环境持久洁净。另外，置于冰箱或冰柜内的冷菜原料、冷拼菜品都要加盖或是用保鲜膜密封，防止不同食材之间相互串味。

操作台、货橱以及货架适宜选用不锈钢材质，以此防范因潮湿环境引发的生锈污染问题，同时方便清理附着的油腻脏污，从根源上铲除微生物繁衍的温床。而且这些设备必须每日进行清洗，时刻维持整洁状态，全方位为冷菜制作筑牢卫生防线。

4. 冷拼菜品制作原料的卫生要求

在冷菜制作进程中，原料的挑选与使用务必秉持极度审慎、严谨的态度，毕竟这直接关联到冷拼菜品卫生质量以及安全性的关键保障。据权威资料的精准统计与深度分析显示，绝大多数食物中毒事件的肇因皆源于原料品质未能达到卫生标准。

因而，我们务必果断舍弃那些已然腐败、变质、发霉、遭受虫蛀，抑或带有异味的原料，将原料的卫生与安全管控落实到毫厘之间。就瓜果蔬菜类原料而言，理应优先择取“绿色蔬菜”，坚决杜绝采用农药残留超标的原料进入冷菜制作环节。唯有这般严格把关，才能从源头上确保菜品的卫生与安全，让消费者安心享用冷菜美味。

二、冷拼食品的安全措施

在冷菜制作流程中，各环节卫生管控与规范操作紧密相连，直接关系到菜品品质与食用安全。

首先是手部卫生与消毒环节。鉴于冷菜制作时手频繁接触原料及成品，冷菜间操作人员踏入工作区前，必须确保手部洁净并严格执行消毒流程，杜绝交叉污染。常见的消毒方式有：用0.03%的高锰酸钾溶液浸洗，或者选用75%的酒精仔细擦洗，只要符合卫生标准的消毒液均可使用，以此筑牢手部卫生防线。

着装规范同样不可忽视。冷菜间工作人员进入操作区前，要按规定穿戴好工作服、工作鞋、工作帽以及口罩，形成有效防护。严禁非工作人员随意进出冷菜间，确保工作环境的纯净，保障菜品卫生安全。

冷菜制作效率也有严格要求。冷菜间工作人员应熟练掌握冷菜制作技艺，操作务必迅速精准，尽可能缩短冷菜切配与成型时间。因为冷菜拼摆时间越长，遭受污染的风险就越高。通常情况下，小型单碟冷拼需在数分钟内完成，大型花式冷拼务必在30分钟内完工。

冷拼菜品保鲜措施也至关重要。冷拼菜品一经成型，应立刻加盖或用保鲜膜密封保存，直到就餐者用餐前由服务人员揭开。这样既能防止菜品受污染，又能锁住菜品水分，避免因失水导致的变形、变色问题，确保菜品原汁原味呈现在食客面前。

关于冷菜隔日使用的卫生管理，在餐饮运营中，冷菜常批量制作，当日剩余冷菜若经妥善保存与重新加热，可隔日二次利用，但务必坚守卫生与安全底线。剩余冷菜要回锅充分加热后冷藏，次日取用前再次烹制。尤其在夏季，热制冷吃的菜品每6小时就需再次加热。对于不适宜回锅加热的冷菜，为保障食客健康，不应隔日使用，而应直接废弃。

冷菜点缀的卫生与安全要求也不容忽视。冷菜点缀虽不直接入口，但其所用的瓜果蔬菜等食材，必须洗净并消毒后才能使用。坚决禁止使用不可生食原料、铁丝、牙签等可能危及人体健康的物料，同时禁用人工合成色素、化学胶水等有害健康的物质，防止污染菜品，守护食客健康。

此外，冷菜间的操作人员必须严格遵循个人卫生标准，时刻保持自身清洁，定期洗澡、勤理发、及时更换衣物、定期修剪指甲。严禁佩戴任何可能污染食品的首饰，特别是手指上的金银饰品，杜绝其与食品直接接触，以免造成污染。

为切实保障食品安全，冷菜间操作人员还需定期参加身体检查，且必须持有有效的健康证才能上岗。一旦发现操作人员患有传染病，应立即将其调离岗位，同时对冷菜间进行全方位消毒。直至患病人员完全康复，经评估符合上岗条件后，方可重新考虑将其调回冷菜间岗位。

只有从原料挑选到制作全过程，再到成品保鲜与二次利用，各个环节都严谨把控，才能制作出美味与安全兼得的冷菜佳肴。

三、冷拼食品中毒的预防与处理

1. 预防

（1）严格遵守冷拼食品的卫生要求和安全措施，从源头上预防食品中毒的发生。

（2）定期对从业人员进行食品安全培训和教育，增强食品安全意识。

2. 处理

（1）一旦发生冷拼食品中毒事件，应立即停止销售相关食品，并采取措施防止事态扩大。

（2）及时将中毒人员送往医院救治，并积极配合相关部门的调查和处理工作。

冷拼食品卫生与安全是确保消费者健康的重要方面。通过加强原料选择、加工过程控制、调味与储存管理以及从业人员健康与卫生等方面的监管力度，可以有效预防冷拼食品中毒事件的发生。同时，加强食品安全监管和培训工作也是提高冷拼食品卫生与安全水平的重要措施。

四、任务思考与练习

（1）如何优化冷拼制作流程，进一步降低卫生风险？

（2）怎样提升从业人员食品安全素养，确保操作规范？

项目二　冷拼工艺基础

项目导学

本项目带你走进冷拼世界，开启美食艺术之旅。首先，认识各类冷拼工具，了解其用途；其次，掌握材料选用、加工与基础刀法；最后，学习拼摆步骤与手法，从垫底、围边到盖面、点缀，还有排、堆、叠等技巧。通过实践，让你能制作出精美冷拼，提升厨艺，感受烹饪魅力。

学习目标

知识目标

1. 了解冷拼工具，分辨常用刀具、模具、量具等各类工具，清晰阐述其独特用途。
2. 掌握冷拼材料的选用原则，依据菜品需求从质地、色泽、口感等多维度考量食材。
3. 掌握冷拼使用的刀法技巧，熟知拼摆的详细步骤，从垫底的原料选择与布局，到围边、盖面、点缀的顺序及设计，深入理解排、堆、叠、围、摆等手法的原理与效果。

能力目标

1. 能够迅速且熟练地运用合适的工具，依据原料特性进行高效加工，确保加工质量与效率。
2. 能在冷拼制作过程中，灵活且精准地掌握并运用所用到的刀法，依据食材质地和设计需求，实现不同纹理与形状的切割。
3. 具备独立完成复杂冷拼作品的能力，从前期构思、材料准备，到中期加工、拼摆，再到后期成品修饰，确保作品在色、香、味、形等方面达到较高水准。

素养目标

1. 培养学生的工匠精神，引导学生在冷拼制作每一个环节中都严谨认真对待，注重细节，追求卓越，从食材处理到最终成品呈现，都秉持精益求精的态度。
2. 挖掘冷拼背后的中华民族传统文化内涵，通过展示传统冷拼造型与寓意，增强学生的文化自信，让学生深刻体会到中华饮食文化的源远流长与博大精深。
3. 弘扬中华优秀传统饮食文化，在教学过程中融入文化故事、历史典故，使学生深入理解传统饮食文化的价值，鼓励学生在传承基础上创新，进一步提升学生的文化自信心，激发学生对中华饮食文化的热爱与传播热情。

任务1　冷拼工具种类和用途

任务导入

冷拼宛如一场指尖上的艺术盛宴，而工具则是开启这场盛宴的钥匙。本任务的目标是详细认识加热、冷藏设备以及各类常用工具，了解它们的用途与特点，为制作精美冷拼筑牢根基。冷拼常用的工具设备主要为加热设备和冷藏设备，每种工具设备都有其特定的用途，以下是关于冷拼工具种类和用途的介绍。

一、加热设备

制作冷拼的加热设备主要是指炉灶。常用的炉灶有双眼灶、汤灶、蒸柜、烤鸭炉等。由于不同的冷拼的烹调方法不同，加上全国各地饮食习惯的差异，因此在炉灶的选择方面有很大的差别。接下来简单介绍几种常用的炉灶及其作用。

1. 双眼灶

双眼灶是一种常见的厨房炉灶类型，有电磁炉灶、天然气灶和液化气灶等多种形式（图2-1）。

2. 汤灶

汤灶是一种主要用于煮汤、炖菜等烹饪操作的设备。常见的有单炉头、双炉头两种类型，因其炉体较矮又称为矮汤炉（图2-2）。按燃料类型可分为电磁汤灶、燃气汤灶。

3. 蒸柜

蒸柜有电热式蒸柜、燃气式蒸柜和电磁式蒸柜，具有加热速度快、烹饪效果好，节能环保、功能多样等特点（图2-3）。

4. 烤鸭炉

烤鸭炉通常采用不锈钢板制造而成，其外形设计独特，内部四周有轨道式铁架，铁架上有活动铁钩用于悬挂原料。适合制作各种烧鹅、烤鸡、烧肉等产品（图2-4）。按种类可分为：果木炭烤鸭炉、燃气烤鸭炉、电热烤鸭炉。

图2-1　双眼灶

图2-2　汤灶

图2-3　蒸柜

图2-4　烤鸭炉

二、冷藏设备

制作冷拼常用的冷藏设备有冷藏工作台、不锈钢立式冷柜、制冰机等。接下来对这几种冷藏设备进行简单介绍。

1. 冷藏工作台

冷藏工作台是一种集冷藏功能与操作平台于一体的设备，既能满足食品储存的需求，又能作为操作台使用，提高了空间利用率，可在台面上直接进行食品的加工、调配、制作等工作（图2–5）。

2. 不锈钢立式冷柜

采用不锈钢材质，具有耐腐蚀、坚固耐用、易清洁的特点，外观简洁大方。四门、六门等多门设计较为常见，适用于餐厅、酒店、食堂、超市等商业场所的厨房，用于存储肉类、蔬菜、水果、饮料、海鲜等食材（图2–6）。

图2-5　冷藏工作台

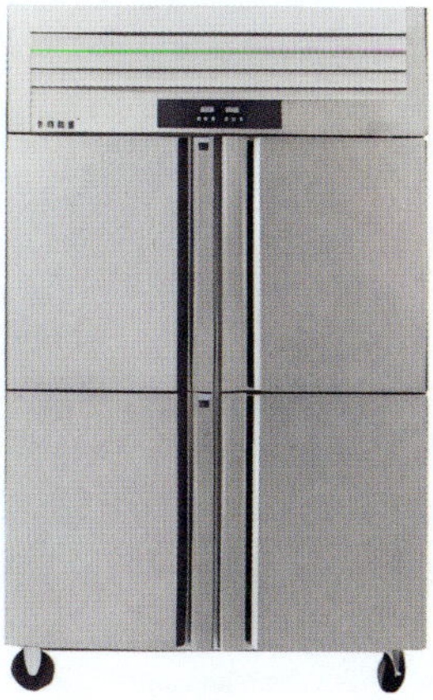

图2-6　不锈钢立式冷柜

3. 制冰机

制冰机是一种将水通过蒸发器由制冷系统制冷剂冷却后生成冰的制冷机械设备。在制作冷拼菜肴时，为避免原料中水分快速蒸发，经常会用冰块降低温度，起到保鲜的目的（图2-7）。

图2-7 制冰机

三、冷拼制作常用工具

制作冷拼时需要多种工具配合使用，下面介绍几种常用的工具。

1. 炒锅

炒锅是一种常用的烹饪炊具，特点是顶部开口大、圆底，主要用于煎或炒食物，但也可以用作蒸、炖、炸等其他不同的烹饪方法（图2-8）。常见炒锅有多种：生铁锅适合慢炒，补铁且控火佳；精铁锅宜猛火炒，轻薄传热快。不锈钢锅耐腐蚀、易清洗，适用范围广但导热差。铝合金锅轻便导热好，翻炒高效。不粘锅涂层防粘、易清洗，不过涂层易损，使用有讲究。

图2-8 炒锅

2. 炒勺

炒勺是炒菜时常用的厨具，多为金属材质，有长柄，勺头呈半球状，容量较大，方便翻炒、盛装食材，适用于多种烹饪场景，能灵活地翻动锅中菜肴（图2-9）。

图2-9 炒勺

3. 手铲

手铲一般扁平窄长，前端较薄，便于铲起、翻动、搅拌食物，握柄舒适，利于精准操控，常辅助炒勺完成精细烹饪动作（图2-10）。

图2-10 手铲

4. 不锈钢桶

不锈钢桶是以不锈钢制成的容器。其优点突出，材质耐腐蚀、不易生锈，能长久维持桶身干净；在烹饪冷拼食材时，可以利用不锈钢桶熬卤水、焯水等（图2-11）。

5. 刀具

刀具是厨房必备的切割工具，刀身多为金属材质，如碳钢、不锈钢等，刀口锋利，可轻松切割肉、菜等食材。刀柄贴合人手，握感舒适，便于施力掌控。不同菜刀功能有别，片刀宜精细切片切丝，斩骨刀专用于斩断骨头，刀身厚重能承压，保障高效安全（图2-12）。

6. 砧板

砧板，又称案板，是厨房重要的辅助器具，常由木质、塑料等材质制成。木质砧板质地厚、有柔韧性，可缓冲刀刃冲击，保护刀刃、防伤手，适合切生熟食材；塑料砧板轻巧、易清洗、不易发霉，常区分生熟区，能为食材处理提供稳定操作面（图2-13）。

7. 不锈钢盆

不锈钢盆是烹饪常用容器，耐腐蚀、不易生锈，能长久保持光洁；坚固耐用，承受碰撞不易变形；经常用于食材清洗、腌制，拌菜或盛放原料等（图2-14）。

图2-11　不锈钢桶

图2-12　刀具

图2-13　砧板

图2-14　不锈钢盆

8. 笊篱

笊篱是厨房常用的捞取工具，一般用竹、金属丝等编织而成。其外形多为半球形或勺形，带有细密网眼，能轻松捞起锅中的食物，快速沥水，让食物与汤汁分离（图2–15）。

9. 镊子

用于夹紧冷拼材料，确保其在加工过程中的稳定性（图2–16）。

此外，还有一些其他常见的冷拼工具，如雕刻刀等，它们可以根据厨师的需求进行定制和选择。

总的来说，冷拼工具的种类繁多，每种工具都有其特定的用途和优势。在使用时，需要根据具体的冷拼需求和食材特点进行选择，以确保冷拼作品的质量和美观度。同时，也需要注意工具的保养和维护，以延长其使用寿命和保持其性能。

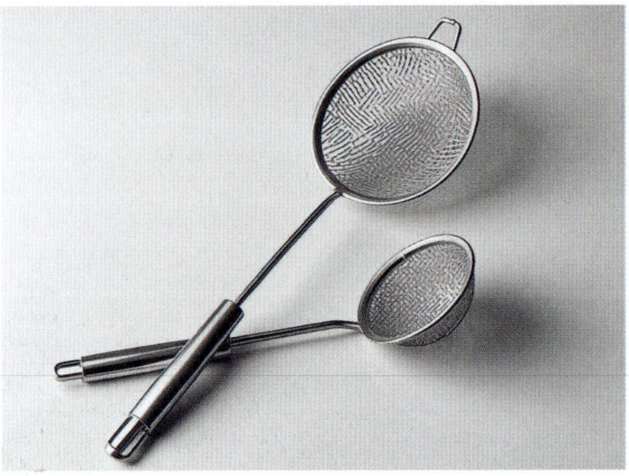

图2–15　笊篱

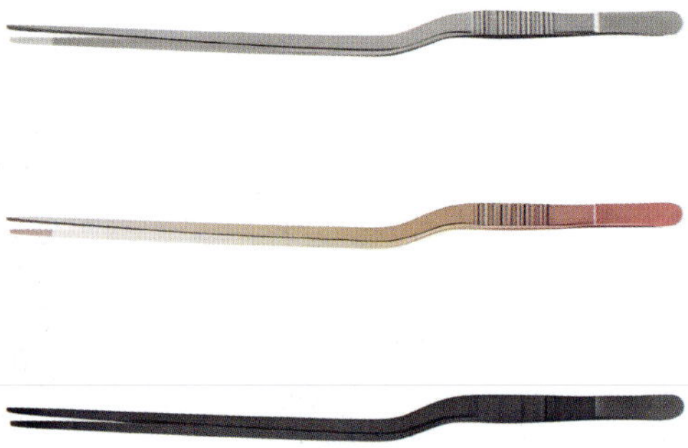

图2–16　镊子

四、任务思考与练习

（1）如何创新组合工具，提升冷拼制作效率？

（2）怎样根据工具特性拓展冷拼造型创意？

任务2　冷拼原料的选用与加工制作方法

任务导入

冷拼之美，源于选材与制作。本次任务主要认识各类原料，掌握原料的挑选和加工技巧，为后续的学习奠定基础。

一、冷拼原料的选用

在中餐冷拼的制作过程中，原料的选择至关重要，它不仅决定了菜品的口感与风味，还关乎营养的均衡与搭配的合理性。中餐冷拼的原料品种繁多，选择范围广泛，涵盖了植物性原料、动物性原料以及其他常用原料，以下是对这些常用原料的详细介绍。

1. 植物性原料

（1）黄瓜、胡萝卜、白萝卜、心里美萝卜、青萝卜　这些蔬菜色彩鲜艳，口感脆爽，适合切片、雕刻和搭配其他食材（图2-17）。

（2）莴笋、西芹　这些蔬菜富含纤维素和维生素，适合凉拌食用，有助于消化（图2-18）。

（3）蒜薹、生菜　这些蔬菜口感鲜嫩，适合作为冷拼的配菜（图2-19）。

（4）青红椒、香菇　这些食材色彩鲜艳，风味独特，为冷拼增添色彩和口感（图2-20）。

图2-17　黄瓜、萝卜

图2-18　西芹

图2-19　蒜薹、生菜

图2-20　青红椒、香菇

（5）茭白、番茄　这些蔬菜不仅口感好，还富含多种维生素和矿物质（图2-21）。

（6）各种水果　如苹果、香蕉、橙子等，这些水果富含维生素和膳食纤维，适合作为冷拼的装饰和点缀（图2-22）。

2. 动物性原料

（1）酱牛肉　肉质鲜美，富含优质蛋白质，是冷拼中不可或缺的肉类选择（图2-23）。

（2）酱猪耳朵　口感脆爽，富含胶原蛋白，适合凉拌食用（图2-24）。

（3）虾　肉质细嫩，富含蛋白质和矿物质，为冷拼增添海鲜风味（图2-25）。

（4）鸡蛋干　口感细腻，营养丰富，易于切片和搭配其他食材（图2-26）。

图2-21　茭白、番茄

图2-22　苹果、香蕉、橙子

图2-23　酱牛肉

图2-24　酱猪耳朵

（5）火腿、蒜蓉肠、红肠等　这些加工肉制品风味独特，适合冷拼的多样性和口感层次（图2–27）。

（6）烟熏鸭胸肉、鸡肉肠、午餐肉　这些肉类制品经过特殊处理，口感丰富，适合冷拼的多种风格（图2–28）。

（7）猪舌头、猪肝　这些内脏类食材富含铁质和维生素，为冷拼提供丰富的营养（图2–29）。

（8）腌鱼、鱼蓉卷、紫菜肉卷　海鲜制品为冷拼增添了海洋的鲜美，同时提供了丰富的蛋白质和不饱和脂肪酸（图2–30）。

（9）蛋白糕、蛋黄糕　这些由鸡蛋制成的糕点口感细腻，色彩鲜艳，适合作为冷拼

图2-25　虾

图2-26　鸡蛋干

图2-27　火腿

图2-28　烟熏鸭胸肉

的点缀（图2-31）。

（10）皮蛋　口感独特，风味浓郁，是冷拼中的特色食材（图2-32）。

3. 其他常用原料

琼脂、鱼胶　这些原料常用于制作冷拼中的凝胶类菜品，如水果布丁、果冻等，为冷拼增添口感和视觉效果。

在制作中餐冷拼时，应根据所需菜品的风格和口味特点，有目的地选择原料，并注重荤素搭配和营养平衡。同时，还应注意原料的新鲜度和卫生状况，确保冷拼的食品安全和品质。

图2-29　猪肝

图2-30　紫菜肉卷

图2-31　蛋白糕、蛋黄糕

图2-32　皮蛋

二、冷拼原料的加工制作方法

1. 原料选择与准备

（1）选择原料　选用新鲜、无变质、无异味的原料，确保冷拼的口感和卫生。根据冷拼的主题和造型需求，选择颜色、形状和质地适宜的原料。

（2）原料准备　对原料进行清洗，去除表面的泥土、杂质和异味。根据需要，对原料进行去皮、去骨、去壳等处理。

2. 原料切割与造型

（1）切割原料　根据冷拼的拼摆需求和原料的质地，采用适当的刀法将原料切割成薄片、细丝、小粒等形状。切割时要求形状一致，大小均匀，线条流畅。

（2）造型处理　利用雕刻、堆叠、排列等手法，将原料加工成具有特定形状和图案的半成品。造型时要求构思新颖，创意独特，能够突出冷拼的主题和美感。

3. 原料腌制与调味

（1）腌制原料　对于需要腌制的原料，如肉类、海鲜等，使用盐、酱油、料酒、香料等调味料进行腌制。腌制时间根据原料的质地和口味需求而定，确保原料充分吸收调味料的味道。

（2）调味处理　在冷拼拼摆完成后，根据口味需求，可以加入适量的调味料进行调味。调味时要注意适量，避免影响冷拼的整体口感和风味。

4. 冷拼拼摆与装饰

（1）拼摆原料　根据冷拼的主题和造型需求，将切割和造型好的原料进行拼摆。拼摆时要注意色彩搭配、形状对比和层次感的表现。

（2）装饰点缀　使用一些颜色鲜艳、形状独特的原料或装饰品进行点缀和装饰。点缀时要注重细节和创意，使冷拼更加生动、有趣。

三、任务思考与练习

（1）如何利用本地特色食材创新冷拼样式？

（2）怎样搭配原料色彩使冷拼视觉效果更佳？

任务3　冷拼基础刀法

任务导入

本任务聚焦冷拼基础刀法，涵盖切法、片法、斜刀法、剞刀法、麦穗与菊花刀法及雕刻法，详细阐释各刀法操作要点、适用原料，帮助从业者熟练掌握，为制作精美花色冷拼菜肴奠定基础。

冷拼的基础刀法主要包括以下几种。

一、切法

1. 直切法

直切即垂直下刀，将原料切断，常用于质地脆嫩易碎的原料，如黄瓜、萝卜等。要求刀工整齐，切口平滑，形状一致。

2. 推切法

由原料的下方推刀而上，切断原料，常用于质地较软的原料，如煮熟的肉类。要求用力均匀，切出的片薄厚一致。

3. 拉切法

拉切是刀口朝下，刀背朝上，刀身与砧板平面呈一定角度，由外向里拉刀，整个过程以拉的动作居多，着力点主要在刀刃前端。

4. 推拉切

推拉切又称“锯切”，运用前后来回推拉方式的一种运刀技法。通常而言，推拉切这种技法适用于质地兼具坚韧与松软特性，或是容易破碎的原料，像带筋的瘦肉、熟火腿、熟牛肉、质地较软的面包，以及经卤水烹制的动物原料等。

二、片法

1. 平刀片法

将刀放平，刀刃与砧板平行，将原料片成薄片。常用于质地较嫩的原料，如鱼肉、鸡肉等。要求片出的片薄而均匀，形状完整。

2. 拉刀片法

将刀身端平，确保其与砧板以及原料均保持平行状态。下刀时，刀刃后端从原料的右上角切入，随后由右前方朝着左后方呈平行态势缓缓进刀，把原料一层又一层地片开。

3. 推拉片法

推拉片法是一种将推片法和拉片法相结合的刀法。操作时，通常先用刀刃前端的平刀向左前方推片，接着再向左后方拉片，通过连贯的动作，将原料一层层片开。

三、斜刀法

斜刀法是将刀倾斜一定的角度，从原料的一端斜着片下，这种刀法按运刀的方向可分为正斜刀、反斜刀两种。要求片出的片薄厚适中，形状美观。

四、其他刀法

1. 剞刀法

剞刀法是指在原料表面切割出既深又不断的刀纹，这些刀纹深度一般为原料深度的三分之二或五分之四。经过后续加热处理，能使原料卷曲成各式各样的形状。

2. 麦穗刀法

麦穗刀法是先将原料用直刀法剞上一条条平行且等距离的刀纹，接着把原料转动一个角度，再剞上与之前直刀纹相互交叉的斜刀纹，之后改刀切成条状，经过加热，原料便会卷曲成麦穗形状。

3. 菊花刀法

在原料之上，精心剞出横竖彼此交错的刀纹，刀纹深度务必达到原料厚度的五分之四，同时需确保两刀相交形成精准的90°角。接着，把原料改刀切成规整的正方块形状，待历经加热环节之后，原料便会自然卷曲成菊花形态。

4. 雕刻法

利用刀具将原料雕刻成各种形状和图案，如花鸟鱼虫、山水人物等。常用于高档宴会和节日庆典的菜肴装饰。要求刀法精湛，造型逼真，富有创意。

综上所述，冷拼的基础刀法包括切法、片法以及其他多种刀法。通过熟练掌握这些刀法，可以制作出各种美观、可口的花色冷拼菜肴。

五、任务思考与练习

（1）如何依原料质地选择切法和片法，保障成形美观？

（2）运用雕刻法时如何构思才能让冷拼在宴会中大放光彩？

任务 4 冷拼拼摆步骤与手法

任务导入

本任务着重介绍中餐冷拼的拼摆艺术，从精湛的刀工到精妙的布局，处处彰显着其独特魅力。在学习过程中，我们将深入探寻冷拼拼摆的各个环节，力求创作出精美绝伦的冷拼作品。

一、冷拼拼摆步骤

中餐冷拼的造型艺术，其核心在于巧妙的拼摆装盘。这一过程不仅仅是将冷拼材料简单地堆砌于盘中，而是需要通过精湛的刀工处理与精心的设计布局，将各种食材在盘内按照一定的次序和位置拼摆成富有美感的形状，从而赋予冷拼以独特的节奏感和韵律感，进一步烘托宴席的欢快氛围。因此，冷拼拼摆的步骤显得尤为关键。

1. 一般冷拼拼摆步骤

（1）垫底　垫底是中餐冷拼最基础的操作步骤，它是中餐冷拼成型的关键，可以使冷拼的造型更加饱满、充实、富有立体感，一般在操作过程中以可食用的丝、片为主要形状的原料为主。

（2）围边　围边，又称群边、码边、盖边，是指将经过精细刀工处理、形状规整的片、块、条等原料，在垫底碎料的边沿进行有序排列组装。围边时，片与片、条与条相互之间的间距务必保持均匀，如此才能保障后续盖面以及拼盘线条的流畅、美观。在整个拼盘的拼装流程里，围边起着至关重要的连接作用，它承上启下，对最终呈现效果的一致性与和谐性起到保障作用。

（3）盖面　中餐冷拼的盖面是根据冷拼的设计造型的需求，选择对应的原料，经过刀工处理拼摆后使之整齐地覆盖在垫底材料最上面，使整个冷拼造型更加饱满、美观。一般按照先主后次、先大后小、先下后上、先尾后身的原则进行盖面。用于盖面的原料大多是材料最好的部位，这样可以使冷拼更加突出、风味更鲜明。

（4）点缀　点缀是在中餐冷拼拼摆结束之后，为了使造型美观大方而进行适当装饰美化的过程，在点缀过程中要注意大小比例、位置摆放，不能杂乱，也不能喧宾夺主。

2. 花色冷拼拼摆步骤

相较于普通冷拼，花色冷拼的拼摆流程无疑要繁杂得多。一般而言，常规冷拼主要聚焦于实用性，力求呈现出整洁美观的视觉效果。与之不同的是，花色冷拼既重视实用价值，又追求独特的艺术韵味，力求让食客们在品尝冷菜的过程中，收获精神层面美的享受。其拼摆流程涵盖了构思、命题、精心选料、垫底、盖面以及点缀等一系列精细步骤。

（1）构思　构思堪称冷拼制作前的重中之重，需要创作者深入思考、精心绘图，为冷拼匠心独运地设计别具一格的图案。在打造花色冷拼时，造型的逼真程度与形态的优美观感更是备受关注。处于构思阶段时，必须明确核心主题，审慎筛选题材、斟酌内容并敲定表现手法，全方位考量宴席的主题风格、规模大小、档次标准，精准把握季节性特征、就餐时间的跨度、用餐环境营造出的氛围，以及宾客们的特殊需求，与此同时，紧密结合冷菜厨房现有的技术力量，进行全面且细致的权衡与统筹规划。

（2）命题　命题，简单来说，就是依据事先构思好的图案形态，赋予它一个恰如其分的名称。在进行命名操作时，关键在于紧扣主题内核，保证名称与实际呈现的内容完美契合，着重凸显喜庆、吉祥的美好氛围。所起之名既要做到浅显易懂，让大众能够轻松领会，又要保留几分典雅气质，坚决避免流于浮夸、夸张的不当表达。

（3）选料　选料这一环节，是严格依照既定的构思与命题所框定的主题图案，对冷拼原料展开精挑细选。在此过程中，务必要确保各个部位冷菜的口味能够相互融合、和谐统一。同时，以严谨的态度选定盛器的尺寸规格与样式风格，以此保障整个冷拼组合的完整度与合理性，使其从食材搭配到容器选用都相得益彰。

（4）垫底　在冷拼制作流程里，花色冷拼的垫底步骤是构建整体构图初始形态的核心环节，这一步完成质量的高低，会对冷拼最终的美观程度产生决定性影响。因而，在抉择垫底原料之际，那些可塑性出众、质地细腻且柔软的冷菜应成为首选，并且要着重留意雏形轮廓是否具有良好的象形性，以及表面的平整度，以此为后续步骤夯实基础，确保最终成品能够达到精致典雅的视觉高度。

（5）盖面　花色冷拼的盖面环节，要求依照垫底步骤所塑造出的雏形，把具备不同颜色、质地、口味的原料巧妙加工成特定形状，再按照图案设计要求，分部位井然有序地拼摆，使之融合为一个完整统一的整体。通常情况下，遵循的拼摆顺序如下：先精心拼好底部，再进行上部的装面；先沿着边缘拼摆，再逐步向中间填充；先处理尾部细节，再雕琢头部造型；先聚焦主题元素的呈现，再完善周边空间布局；先拼摆下部结构，再完成上部装饰。

（6）点缀　花色冷拼的点缀堪称画龙点睛，既能提升完整质感与观赏性，弥补食用性短板，又让冷拼视觉效果与食用价值俱佳。点缀时，位置要精准、色彩需和谐、饰品形状大小恰到好处，且务必严守卫生标准，禁用非食用原料。通常在冷拼主体完成后，依据盘面剩余空间合理布局，空间大而无点缀会显空洞，空间小且装饰多会杂乱、主题不明。挑选装饰物时，尤其留意其与主体形状的比例，避免体积过大掩盖冷拼创意与美感。

二、冷拼拼摆的手法

冷拼的表现手法丰富多彩，每一种都蕴含着独特的技艺与美感，具体如下。

1. 排

作为冷拼制作中的基础且最常用的手法，排是将经过精细刀工处理的原料，以整齐、有序的方式拼摆在盘中。它强调排列的规律性与比例的协调性，常用于制作竹子、蝴蝶等图案，展现出一种简洁而有序的美感。

2. 堆

堆制法较为简便，它利用加工成形或不规则形状的较小原料，按照冷拼图案的要求，在盘中堆砌成形。这种方法既可用于垫底，也可单独使用，能够塑造出馒头形、宝塔形、卧式形、山川形等多种形状，赋予冷拼作品丰富的层次感。

3. 叠

叠砌法则是一种更为精细的拼摆手法，它将加工成形的原料一片片有规则地码叠起来，形成特定的图案。此法在鸟类翅、尾的制作中尤为常见，通过选用片形原料，能够制作出整齐美观、结构清晰的图案，常用于桥形、梅花形、什锦拼盘等设计中。

4. 围

围是指将冷菜切割成特定的形态后，在盘中以环形的方式进行排列，还能够堆叠多层，层层环绕。就围手法而言，有着多种表现形式。比如，在主料的四周环绕摆放不同颜色的配料，这种形式被称作布成花朵形状；倘若在中间点缀色彩鲜艳的配料，便称之为排围。运用围的手法，其目的在于突出主料，同时增加盘面色彩的丰富程度，让冷菜整体更具观赏性与吸引力。

5. 摆

摆也称贴，是指将冷菜精细地切割成各种象形片状，再精心拼置于预先构思好的轮廓之上。这种方法在各类艺术拼盘的创作进程里较为常见，像是制作树叶状、羽毛状、翅膀状等造型的时候，都会运用到此种摆盘技术。此技巧对操作者有颇高的要求，操作者不但需要拥有精湛的手艺，还得具备一定的艺术鉴赏能力，只有这样，才能保证最终呈现出来的形象不但逼真，而且富有生命力，宛如一件件令人赞叹的微型艺术品，极大地提升了冷菜拼盘的艺术价值与观赏魅力。

6. 扣

扣也称覆，是将已加工成形的冷菜先行有序排列于较深的容器之中，接着凭借技巧性地翻转，把它们置于盘内或菜品之上，一般会以半球形态呈现。就如“粉皮鸡丝”这道菜的制作，便是先把拌制好的粉皮仔细地放置在盘中，而后覆盖上鸡丝，通过这样的方式，既能巧妙地凸显主料的特色，又在造型上给人一种饱满、精致之感，使得菜品兼具美味与美观，让食客从视觉到味觉都能得到满足。

这些表现手法各具特色，相互补充，共同构成了冷拼艺术的独特魅力。

三、任务思考与练习

（1）怎样依据不同宴席需求，选择合适的冷拼拼摆手法与步骤？

（2）在创新冷拼设计时，如何平衡艺术感与食材食用性之间的关系？

项目三　基础冷拼实训

项目导学

基础冷拼是初学者必须掌握的技能，它涉及食材识别、刀工和调味等烹饪基础知识。通过实践和创新，可以提升审美和拼摆技巧，掌握更多复杂的技巧和创意设计。基础造型方法有堆、排、叠、围、贴、覆等，每种方法都有其独特的表现形式。基础冷拼的类型包括单拼、双拼、什锦拼盘以及卷制类原料技术加工，它们以美观、色彩鲜明和装盘整齐为特点。

学习目标

知识目标

1. 了解一般冷拼和卷制类原料技术加工等不同分类方式及其特点，能够准确区分各类冷拼形式。
2. 掌握冷拼设计的构图原则，深入理解堆、排、叠、围、贴、覆等常见造型方法的操作技巧及其效果展现。
3. 掌握烹饪基础知识在基础冷拼中的应用，运用精湛的刀工技巧将食材处理成符合冷拼要求的形状与大小，深刻理解调味原理以调配出契合冷拼口味的料汁。

能力目标

1. 精通基础冷拼制作技巧，刀工精准，切配厚薄均匀，摆盘时巧妙运用各种造型方法，将食材有序组合。
2. 确保冷拼作品在食材采购、储存、加工制作及成品展示的整个过程中，均符合食品安全标准。维护食材的新鲜度与卫生状况，并合理搭配营养成分。
3. 具备冷拼设计能力，能够融入个人创意与想法，创作出既具创新性又美观的基础冷拼作品，并能逐步尝试向复杂冷拼设计过渡。

素养目标

1. 在基础冷拼制作过程中，积极参与小组协作，与成员密切沟通交流，共同完成从食材准备、制作到成品展示的各个环节，切实培养团队协作精神与高效沟通能力，学会倾听他人意见，发挥自身优势为团队贡献力量。

2 通过定期欣赏优秀冷拼作品，并参与作品评价讨论，逐步提升审美观念，敏锐捕捉作品中的艺术元素，培养深厚的艺术鉴赏能力，提升自身艺术修养与品位。

3 在深入学习基础冷拼知识与技能的过程中，充分认识中华饮食文化的博大精深，挖掘冷拼背后蕴含的历史文化内涵，从而增强文化自信，激发对中华饮食文化的热爱之情，积极主动地传承与弘扬中华饮食文化，将其融入日常生活与未来职业发展中。

实训任务1　单色拼盘

一、任务知识

单色冷拼，以其简洁和雅致，越来越受欢迎。它通常使用色彩单一的盛器，以突出菜肴的色彩和形态。这种冷拼强调食材搭配、口味调和以及色彩和形状的美感，吸引食客并刺激食欲。单色冷拼是基础冷拼的一种，制作时常用黄瓜、白萝卜等材料。它以球形为底，通过精湛的刀工塑造造型，注重简洁和层次感。单拼的特点是使用单一食材，追求造型的简洁明了，以凸显食材的质地和口感。

二、任务实施

视频二维码：
单色拼盘视频

1. 原料准备

黄瓜、白萝卜①。

2. 工具准备

雕刻刀、桑刀、镊子、碟子②。

3. 工艺流程

白萝卜切丝→腌制→修底坯→黄瓜拉刀法拉薄片→摆拼→单拼成品

4. 制作步骤

（1）白萝卜切丝放入盐水中浸泡③④。

（2）将白萝卜丝挤干水分，拼成球形⑤⑥。

（3）将黄瓜切成长条，均匀覆盖上去⑦⑧⑨。

（4）单拼成品⑩。

5. 制作要领

（1）原料拉刀要厚薄均匀。

（2）拼摆层次分明、均匀。

（3）单拼整体完整无缺，形态逼真、观赏性强。

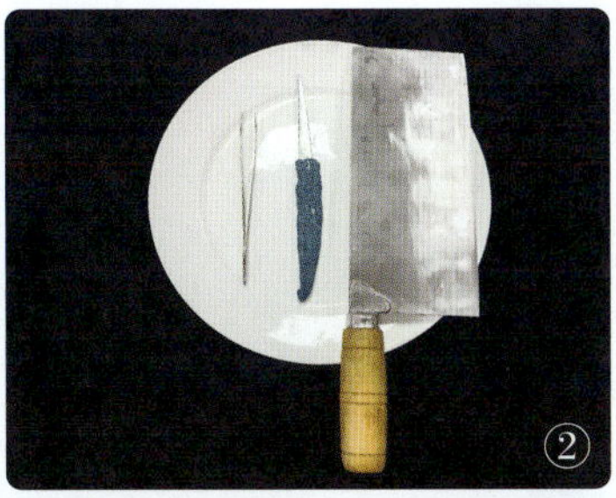

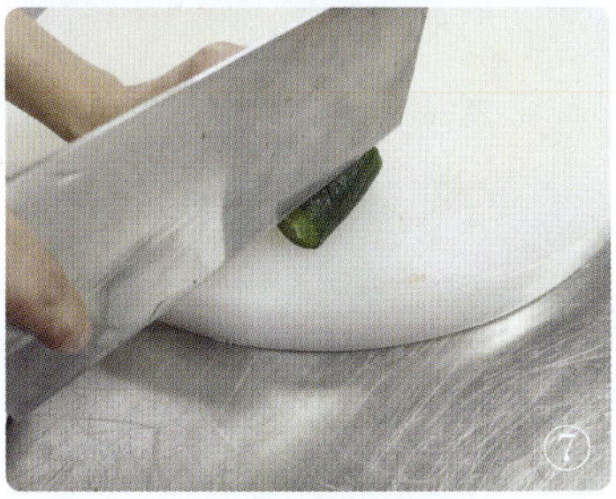

三、任务思考与练习

（1）单拼拼摆层次分明的技巧是什么？

（2）单拼还可以运用哪些原材料？

四、任务评价

实训任务评价表格见附录2。

实训任务 2　双色拼盘

一、任务知识

双色拼盘，作为冷拼的一种，与中国烹饪文化的发展密切相关。它不仅展示了中国人对美食的热爱和追求，还体现了烹饪技艺和构思的巧妙。双色拼盘是中国烹饪文化的重要组成部分。制作冷拼双色拼盘时，选用胡萝卜、黄瓜、白萝卜等食材。以球形为底坯，双色拼盘要求用两种不同原料拼摆，这样既增加了食材多样性，也丰富了口感层次。选用色彩对比鲜明的食材，使双拼在视觉上更加多彩，提升了菜肴的整体美感。

二、任务实施

视频二维码：
双色拼盘视频

1. 原料准备

胡萝卜、黄瓜、白萝卜①。

2. 工具准备

雕刻刀、桑刀、镊子、刷子、碟子②。

3. 工艺流程

白萝卜切丝→腌制→胡萝卜、黄瓜改刀→胡萝卜、黄瓜拉刀法切薄片→摆拼→双拼成品

4. 制作步骤

（1）白萝卜切丝放入盐水中浸泡③④。

（2）将白萝卜丝挤干水分，拼成球形小山丘⑤⑥。

①

②

③

④

⑤

⑥

（3）将胡萝卜、黄瓜修成梯形拉刀，刷盐水⑦⑧⑨⑩⑪。

（4）把胡萝卜和黄瓜分别均匀地覆盖在球形小山丘上⑫⑬。

（5）双拼成品⑭。

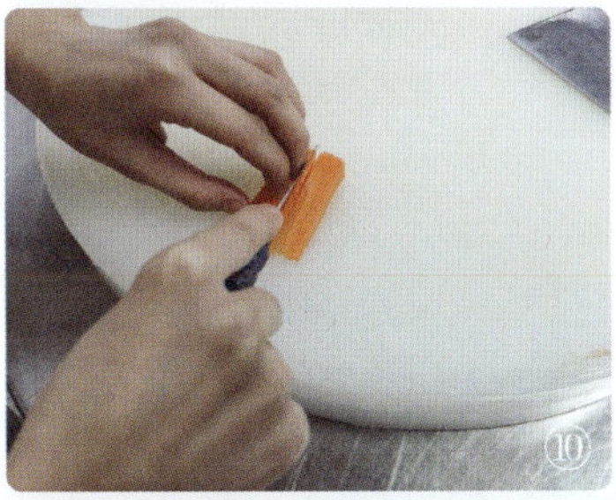

5. 制作要领

（1）原料拉刀要厚薄均匀。

（2）拼摆层次分明、均匀。

（3）双拼整体完整无缺，形态逼真、观赏性强。

三、任务思考与练习

（1）双拼拼摆层次分明的技巧是什么？

（2）双拼还可以运用哪些原材料？

四、任务评价

实训任务评价表格见附录2。

实训任务3　什锦拼盘

一、任务知识

什锦拼盘冷拼，历史悠久，技艺精湛，是中华饮食文化的重要组成部分。它不仅是一道美味佳肴，也是一种艺术享受。从唐代到明清，其制作技艺不断传承和创新。制作“什锦拼盘”需选用胡萝卜、黄瓜等食材，以球形为底坯，拼制出包含多种原料的菜肴。这些原料在色泽、口感和味道上各具特色，丰富了拼盘的层次和口感。精湛的刀工技巧是制作什锦拼盘的关键，确保食材切割、切片或雕刻的精度和美观度，以达到最佳整体效果。

二、任务实施

视频二维码：
什锦拼盘视频

1. 原料准备

胡萝卜、黄瓜、白萝卜、心里美萝卜①。

2. 工具准备

雕刻刀、桑刀、镊子、刷子、碟子②。

3. 工艺流程

白萝卜切丝→腌制→胡萝卜、黄瓜、心里美萝卜改刀→胡萝卜、黄瓜、心里美萝卜拉薄片→摆拼→什锦拼盘成品

4. 制作步骤

（1）白萝卜切丝放入盐水中浸泡③④。

（2）将白萝卜丝挤干水分，拼成球形⑤⑥。

（3）将胡萝卜、黄瓜、心里美萝卜修成梯形拉刀⑦⑧⑨⑩。

（4）把胡萝卜、黄瓜和心里美萝卜分别均匀地覆盖在球形小山丘上⑪⑫。

①

②

③

（5）什锦拼盘成品⑬。

④

⑤

⑥

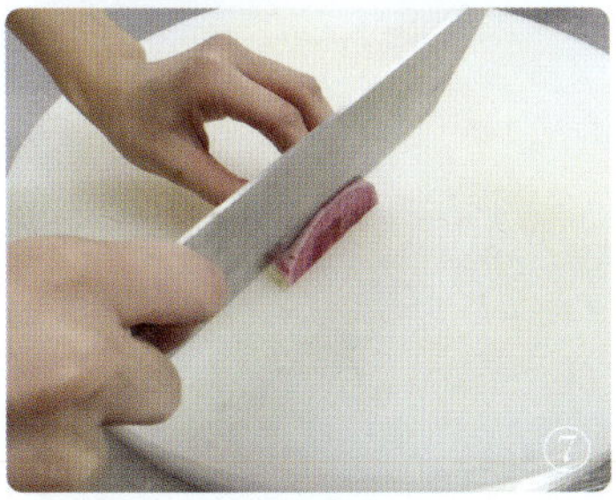
⑦

⑧

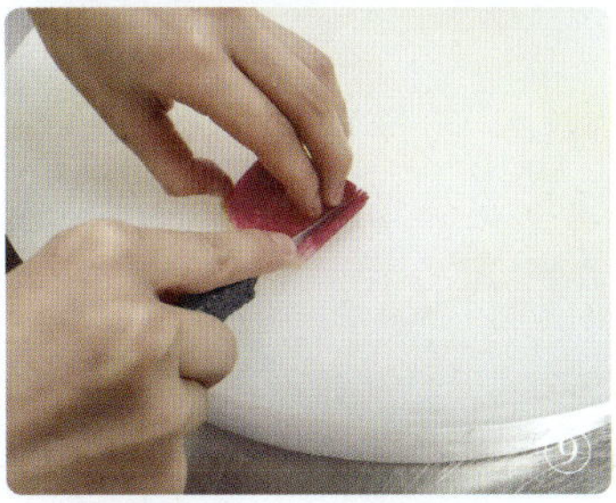
⑨

⑩

⑪

⑫

⑬

5. 制作要领

（1）原料拉刀要厚薄均匀。

（2）拼摆原料层次分明、均匀。

（3）什锦拼盘整体完整无缺，形态逼真、观赏性强。

三、任务思考与练习

（1）什锦拼盘拼摆层次分明的技巧是什么？

（2）什锦拼盘还可以运用哪些原材料？

四、任务评价

实训任务评价表格见附录2。

实训任务4　萝卜卷

一、任务知识

花形萝卜卷，一种传统中式冷菜艺术，不仅外观精美、色彩缤纷，还具有文化价值。常用于宴会装饰和迎宾菜，提升宴席档次和视觉效果。现代餐饮中，它不仅保留了传统装饰和审美功能，还扩展到文化教育、交流和高端餐饮体验等领域。通过创新，花形萝卜卷保持了其文化价值和市场活力。

二、任务实施

视频二维码：
萝卜卷视频

1. 原料准备

白萝卜、胡萝卜、盐水、土豆泥①②。

2. 工具准备

菜刀、碟子、刷子③。

3. 工艺流程

白萝卜去外皮修圆柱形→滚料片萝卜片→卷制→切制菱角形→萝卜卷拼摆成花形

4. 制作步骤

（1）切8厘米长度的白萝卜去掉外皮，修成圆柱形备用④。

（2）切8厘米长方体胡萝卜，再切成丝备用⑤⑥。

（3）将白萝卜滚料片出长片，然后泡盐水腌制⑦⑧。

（4）泡软的白萝卜包胡萝卜丝卷制成萝卜卷⑨。

（5）萝卜卷成品⑩。

（6）萝卜卷斜切成菱角形状⑪。

（7）提前雕刻叶子、树枝⑫。

（8）以萝卜卷为主题拼摆象形大丽花⑬⑭。

（9）萝卜卷大丽花的成品⑮。

①
②
③
④
⑤
⑥
⑦
⑧
⑨
⑩
⑪
⑫
⑬
⑭
⑮

5. 制作要领

（1）白萝卜滚料片时要注意厚薄均匀，厚度不一影响卷制时的紧实度。

（2）卷制萝卜片时要卷紧实，适当用食指捋实萝卜卷，避免在切制时出现松散的情况。

（3）拼摆过程要把握好每一层萝卜卷的数量比例，确保层次紧密清晰。

三、任务思考与练习

（1）作为冷菜师傅应该具备什么样的素质？请举例说明。

（2）设计一款以花形萝卜卷为主题的冷菜。

四、任务评价

实训任务评价表格见附录2。

实训任务5 鸡肉卷

一、任务知识

在冷拼制作中，食材的多样组合和创新呈现至关重要。鸡肉，作为一种营养丰富的食材，广泛应用于冷拼，尤其是鸡肉卷，它不仅口感丰富、造型美观，还能满足不同口味需求。鸡肉卷可作为开胃菜或大型冷拼作品的一部分。鸡肉卷通过“卷”和“按压”手法制作，既可作为独立冷菜搭配酱汁食用，也可作为冷拼的荤料，增加食材多样性。在冷拼竞赛中，鸡肉卷可作为预制品备用，其风味鲜香，肉质紧实。

二、任务实施

视频二维码：
鸡肉卷视频

1. 原料准备

手枪鸡腿、盐、味精、鸡粉、胡椒粉、水①②。

2. 工具准备

刀具、托盘、盆子、保鲜膜③。

3. 工艺流程

鸡腿肉剔骨→修整鸡腿肉→腌制→擦干水分→保鲜膜卷制鸡肉→蒸制→切制鸡肉卷块设计摆盘

4. 制作步骤

（1）将手枪鸡腿剔骨成一张铺开的大鸡腿肉，用刀背在鸡肉上捶敲使其肉筋断开④⑤⑥。

（2）在盆里加入葱、姜、香菜、盐、味精、鸡粉、胡椒粉、水，将鸡腿肉放入腌制20分钟⑦⑧。

（3）腌制好的鸡腿用布擦干水分⑨。

（4）用保鲜膜包卷鸡腿肉呈鸡肉卷形状⑩⑪⑫。

（5）鸡肉卷放入蒸柜蒸制30分钟⑬。

（6）鸡肉卷成品⑭。

（7）提前准备改刀好水果（哈密瓜、火龙果、蓝莓、葡萄）形状、火腿（底座、围栏）、鸡肉卷块⑮。

①

②

③

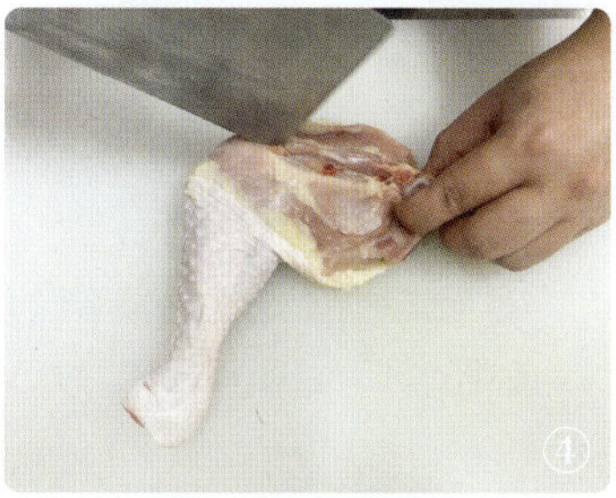
④

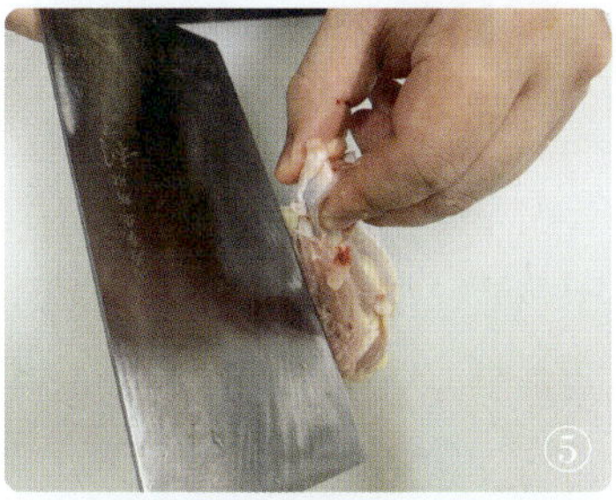
⑤

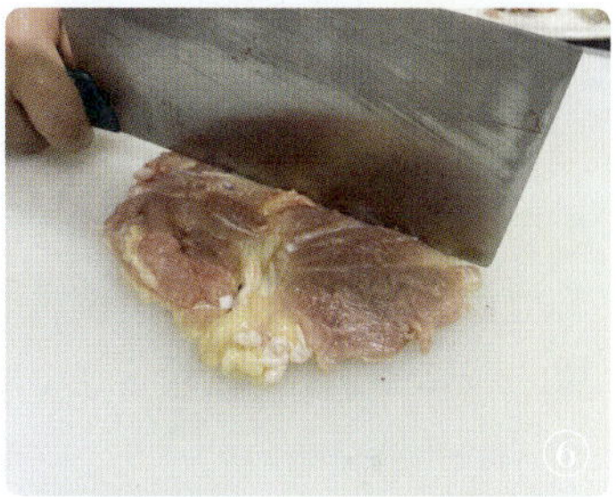
⑥

⑦

⑧

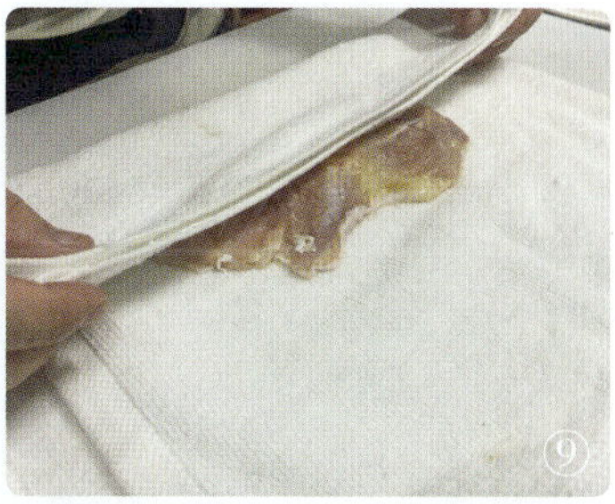
⑨

⑩

⑪

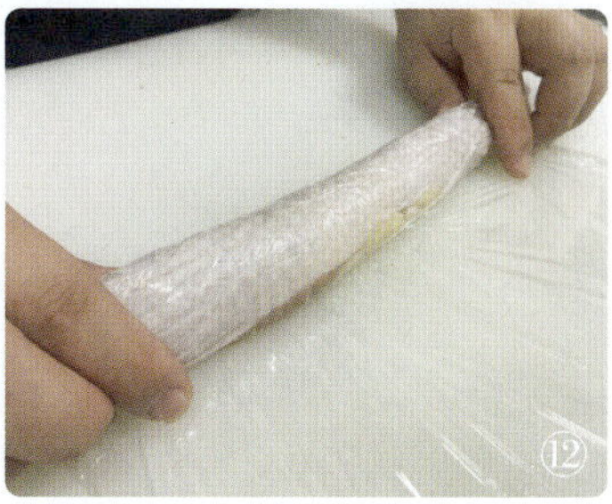
⑫

（8）设计拼摆以鸡肉卷为主题的盘饰⑯。

（9）鸡肉卷主题成品⑰。

⑬

⑭

⑮

⑯

⑰

5. 制作要领

（1）剔完骨头的鸡肉要修平鸡肉表面、去除多余的鸡肉，避免包卷过程大小不均匀。

（2）保鲜膜卷制过程中要用竹扦在表面插小洞排出多余气体，使其包裹更加紧实。

（3）蒸好的鸡肉卷冷却后切制，以横截面积平整结实不松散为佳。

三、任务思考与练习

（1）冷菜制作过程需要注意哪些食品安全卫生问题？

（2）设计一款以鸡肉卷为主题的凉菜。

四、任务评价

实训任务评价表格见附录2。

实训任务6　四色鱼卷

一、任务知识

鱼蓉制作历史悠久，楚国时期已有鱼丸。福州鱼丸以其独特工艺和风味成为福建小吃。鱼蓉菜肴不仅流行国内，也走向世界，成为中华饮食文化的重要部分。现代鱼蓉菜肴在传统基础上融入新的烹饪技法和食材，焕发新活力。四色鱼卷是通过调味和搅拌机将鱼肉制成蓉，添加食用天然色素，包裹多种材料蒸制而成。四色鱼卷可作为冷菜或冷拼中的荤类食材，常用于拼摆假山、鸟类和鱼类等。

二、任务实施

视频二维码：
四色鱼卷视频

1. 原料准备

净鱼肉、鸡蛋、紫菜、生粉、盐、味精、白糖①②。

2. 工具准备

搅拌器、裱花袋、过滤勺、剪刀③。

3. 工艺流程

鱼肉腌入味搅拌成蓉装入裱花袋→煎制蛋皮→鱼蓉挤入蛋皮卷制→蒸制→四色鱼卷设计造型摆盘

4. 制作步骤

（1）取鸡蛋将蛋黄和蛋清分离，分别加入盐、味精和湿淀粉搅拌均匀过滤备用④⑤⑥⑦。

（2）用平底锅热锅下凉油分别将蛋黄液和蛋清液煎制成黄蛋皮和白蛋皮备用⑧⑨⑩。

（3）净鱼肉切成小块，冲洗干净放入搅拌器，加入盐、味精、白糖、生粉、水搅拌成鱼蓉，最后装入裱花袋备用⑪⑫⑬⑭。

（4）将鱼蓉挤在蛋黄皮、蛋白皮、紫菜表面，卷制成圆柱形备用⑮⑯⑰⑱。

①

②

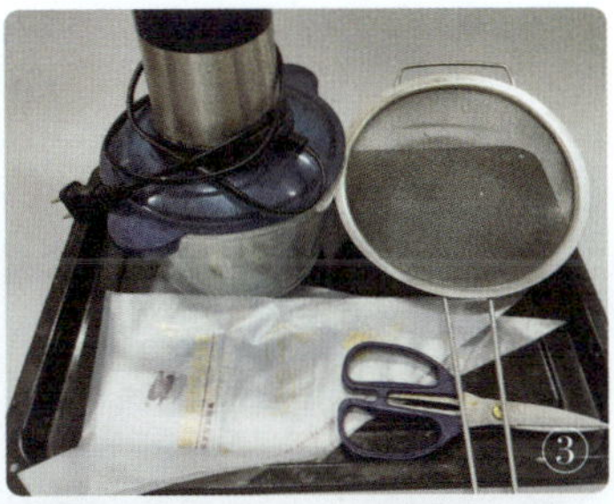
③

④

⑤

⑥

（5）用保鲜膜包裹鱼卷定形，然后放到蒸柜蒸熟⑲⑳。

（6）四色鱼卷成品㉑。

（7）提前改刀好四色鱼卷、菊花、叶子、萝卜卷㉒。

（8）拼摆以四色鱼卷为主题的盘饰㉓。

（9）四色鱼卷主题成品㉔。

㉒

㉓

㉔

5. 制作要领

（1）鱼蓉调味过程注意盐、水、生粉的比例要合理。

（2）鱼蓉用搅拌机打起胶后装入裱花袋里要排除多余空气，避免鱼蓉在挤制时不顺畅导致鱼蓉不成形。

（3）煎蛋皮时要用小火，蛋液平铺平底锅即可。

（4）成形的四色鱼卷用刀切制横截面平整光滑富有弹性。

三、任务思考与练习

（1）试简述鱼卷的历史由来以及现代创新发展情况。

（2）设计一款以鱼卷为主题的冷菜。

四、任务评价

实训任务评价表格见附录2。

项目四　实物冷拼实训

项目导学

实物冷拼是烹饪艺术的关键部分，需要精湛刀工、创意构思和色彩搭配。学习实物冷拼能提升学生的审美和创新思维，为烹饪事业打基础。它不仅考验技艺，还锻炼审美和创新能力。通过学习，学生能提高审美素养和创新能力，促进对食材的理解和选用，培养健康饮食和环保意识。实物冷拼利用多种原料，如红肠、烤肠、青萝卜等，通过不同刀法和拼摆技巧，制作出各种图案供欣赏和食用。本项目以小桥、假山、叶子、荷叶等代表性实物冷拼为学习任务。

学习目标

知识目标

1. 了解实物冷拼的基本概念、制作原理和常用原料。
2. 掌握冷拼的分类、特点和装盘技巧。
3. 熟悉每种冷拼技法所呈现的独特视觉效果及适用场景。

能力目标

1. 熟练掌握冷拼的基本技法，如切割、雕刻、拼摆等。
2. 能够独立完成如小桥、假山、叶子、荷叶等具有代表性实物冷拼作品的制作，达到造型美观、层次分明。
3. 具备根据不同场合、主题需求，自主创新设计实物冷拼图案的能力，展现独特审美与创意构思。

素养目标

1. 通过对食材的细致处理与利用，培养学生珍惜食物资源的意识，形成反对浪费的良好品德。
2. 在团队协作完成冷拼项目过程中，增强学生的团队合作精神，学会沟通交流、互相支持。
3. 引导学生在创作实物冷拼时融入传统文化元素，提升文化自信，激发对中华传统烹饪文化的热爱与传承之情。

实训任务1　荷叶

一、任务知识

荷叶质地薄，表面有绒毛，边缘呈波浪形。颜色多样，常见有绿色系。在中国文化中，莲叶象征清廉、和谐、吉祥，寓意纯洁和高尚品德。荷叶冷拼选用青萝卜、白萝卜等材料，可独立成景或与荷花雕饰搭配，适合各类主题宴席。传统冷拼作品可能选材复杂、制作难度高、造型僵硬。

二、任务实施

1. 原料准备

青萝卜、白萝卜、盐水①。

视频二维码：
荷叶视频

2. 工具准备

雕刻刀、刷子②。

3. 工艺流程

白萝卜修初坯→青萝卜修水滴形→青萝卜拉刀→叶子粘接→修圆叶心→荷叶成品

4. 制作步骤

（1）取白萝卜一小段，主刀通过旋刀法旋出废料，形成底坯③④。

（2）取几块青萝卜修成水滴形⑤。

（3）主刀依次将修好的青萝卜均匀拉刀，拉成薄片，再刷盐水⑥⑦。

（4）把泡完盐水的青萝卜抿成扇形，吸干水分⑧。

（5）把吸干水分的叶子放入底坯中拼摆成荷叶⑨。

（6）取一小块白萝卜修成小圆形，作为荷叶心⑩。

（7）荷叶成品⑪。

（8）提前做好假山、小草⑫。

（9）装饰以荷叶为主题的组合冷拼⑬。

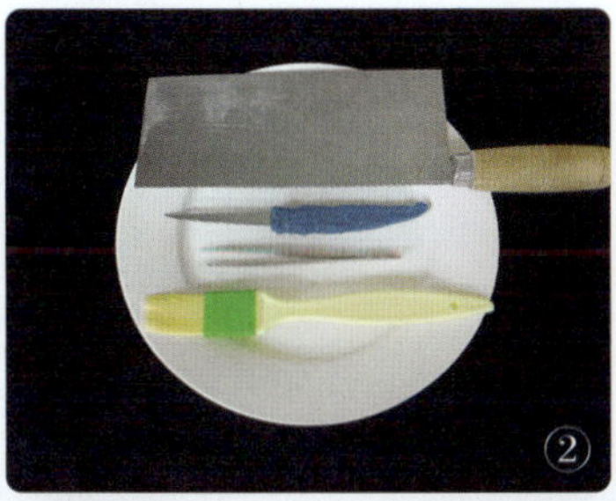

（10）荷叶主题成品⑭。

5. 制作要领

（1）荷叶叶子厚薄均匀。

（2）荷叶粘接过程注意要连贯，叶形呈向外开放状态。

（3）泡完盐水要注意吸干水分，否则荷叶形状易塌。

（4）荷叶整体完整无缺，形态逼真、观赏性强。

三、任务思考与练习

（1）荷叶拼摆的技巧是什么？

（2）荷叶在中国传统文化里有什么寓意？

四、任务评价

实训任务评价表格见附录2。

实训任务 2　叶子

一、任务知识

叶片是叶子的关键部分，通常是薄而扁平的绿色结构，这种形态有助于增加表面积，支持叶脉的输导功能。叶子象征着多种积极含义。本任务将采用新的方法制作冷拼叶子，选用如青萝卜和黄瓜等常见食材，它们不仅易于获取、成本低，还具有独特的色泽和质地，能赋予叶子造型更多灵魂。冷拼叶子的实物呈现为葱绿的椭圆形，层层叠叠。

二、任务实施

1. 原料准备

青萝卜、白萝卜、盐水①。

视频二维码：
叶子视频

2. 工具准备

桑刀、雕刻刀、刷子②。

3. 工艺流程

青萝卜修水滴形→青萝卜拉刀→白萝卜修初坯→叶子粘接→拉出叶茎→叶子成品

4. 制作步骤

（1）取一段青萝卜，切成一边大一边小的块状③。

（2）将青萝卜块修成水滴形④。

（3）将修好的青萝卜均匀拉刀拉成薄片，刷盐水⑤⑥。

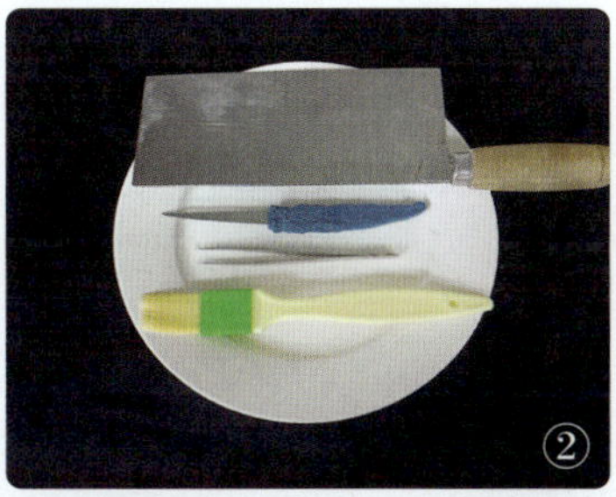

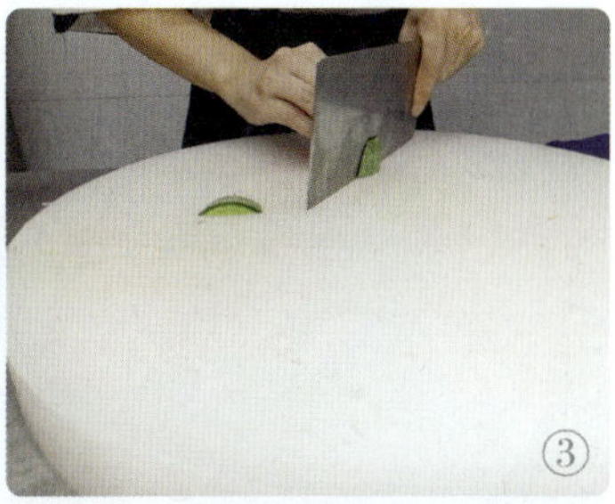

（4）取一段白萝卜，切成三角形状，用弯刀法切出三角形平面，再用雕刻刀片除中间的废料，形成叶子底坯⑦。

（5）将泡软的青萝卜捏成叶子的形状，吸干水分⑧⑨。

（6）把吸干水分的青萝卜轻放到叶子底坯上，调整形状⑩。

（7）取一片青萝卜皮，用小号拉刀拉出一条由细到粗的茎，放在叶子中间⑪。

（8）叶子成品⑫。

（9）提前做好假山、小草、小花⑬。

（10）组装以叶子为主题的组合冷拼⑭。

（11）叶子主题成品⑮。

⑦

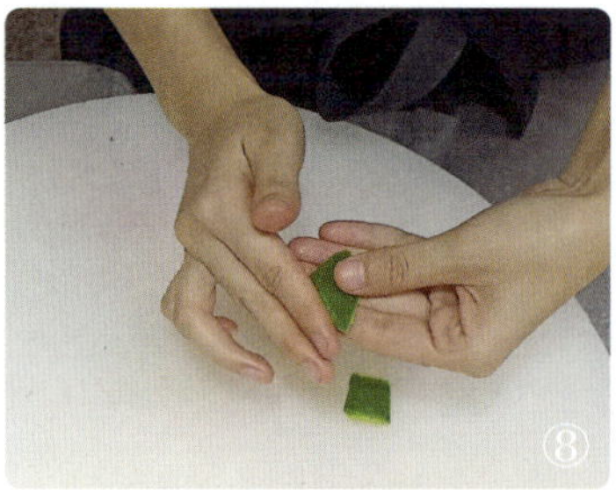
⑧

⑨

⑩

⑪

⑫

⑬

⑭

⑮

5. 制作要领

（1）叶子拉刀要厚薄均匀。

（2）粘接过程注意要连接好叶尖。

（3）叶子整体完整无缺，形态逼真、观赏性强。

三、任务思考与练习

（1）叶子拼摆的技巧是什么？

（2）设计一款以叶子为主题的冷拼作品。

四、任务评价

实训任务评价表格见附录2。

实训任务3 小桥

一、任务知识

小桥在文化中象征连接与过渡，如中国传统园林中的精致桥梁和江南水乡的石桥。将小桥融入冷拼创作，结合人文韵味与美食，让食客体验诗意生活和传统文化，使美食成为艺术的传递。本任务介绍的冷拼小桥，选用常见食材如青萝卜、胡萝卜、鸡蛋干等，制作简单易学。工艺上创新，简化步骤，既可作为装饰，也可与亭台雕刻结合，形成宏伟的冷盘景观。

二、任务实施

视频二维码：小桥视频

1. 原料准备

青萝卜、胡萝卜、鸡蛋干、盐水①。

2. 工具准备

桑刀、小号拉刀、中号拉刀、戳刀②。

3. 工艺流程

青萝卜修小桥形状→戳桥洞→拉刀拉纹路→压小桥栏杆→鸡蛋干拉刀→鸡蛋干粘贴小桥→摆小桥栏杆→小桥成品

4. 制作步骤

（1）取一根完整的青萝卜，四面切平，切成长方形③。

（2）将切成长方形的青萝卜斜刀修成小桥拱形④⑤。

（3）用戳刀在小桥底部戳出三个桥洞，中间大，两边小⑥。

（4）戳完桥洞后用小号拉刀在桥边拉出砖块的纹路⑦。

（5）取一块长胡萝卜，用中号拉刀压出小桥两边的栏杆，泡盐水⑧⑨。

（6）取一块大小与小桥截面大小相同的鸡蛋干，用桑刀切成均匀的薄片⑩。

（7）把切好的鸡蛋干分布均匀地贴在小桥上面，作为小桥的阶梯⑪。

（8）把泡软的胡萝卜阶梯拿出来放置在小桥表面的两边⑫。

（9）小桥成品⑬。

（10）提前做好假山、小草⑭。

（11）装饰以荷叶为主题的组合冷拼⑮。

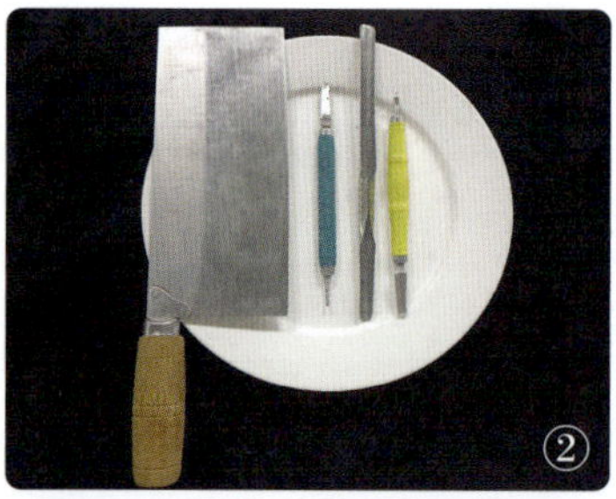

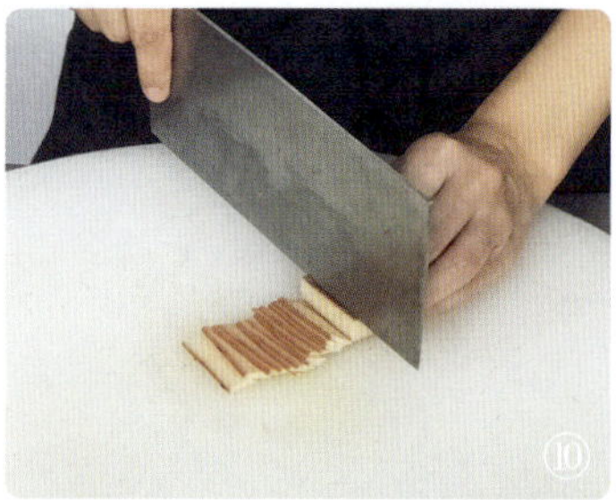

（12）荷叶主题成品⑯。

5. 制作要领

（1）切鸡蛋干要薄厚均匀。

（2）贴小桥阶梯时要注意分布均匀。

（3）小桥整体完整无缺，形态逼真、观赏性强。

三、任务思考与练习

（1）小桥在我国传统文化中具有什么重要作用?

（2）小桥拼接的手法技巧是什么?

四、任务评价

实训任务评价表格见附录2。

实训任务4 假山

一、任务知识

假山在中国园林文化中象征自然与坚韧，是文人雅士修身养性之所爱。将其融入冷拼，不仅美化餐桌，更让食客体验古典园林的意境美，将美食升华为文化艺术体验。冷拼假山通常使用红肠、烤肠等材料，传统作品可能缺乏立体感或难以融入丰富场景。本任务介绍的冷拼假山选材成本低、易采购，减少食材浪费，实现高效美观。它可变换大小、姿态，搭配小桥、流水、绿植等，构成精致园林微缩景观。

二、任务实施

1. 原料准备

烤肠①。

2. 工具准备

桑刀②。

3. 工艺流程

烤肠去包装→斜面切薄片→建构假山→假山成品

4. 制作步骤

（1）取一根完整的烤肠，去包装③。

（2）用桑刀通过斜面均匀切薄片④。

（3）将薄片按顺序建构成假山形状⑤。

（4）假山成品⑥。

（5）拼摆其他形状的小山、雕刻小草、叶子、卷花、梯子⑦。

（6）组装以假山为主题的冷拼作品⑧。

（7）假山主题成品⑨。

视频二维码：
假山视频

①

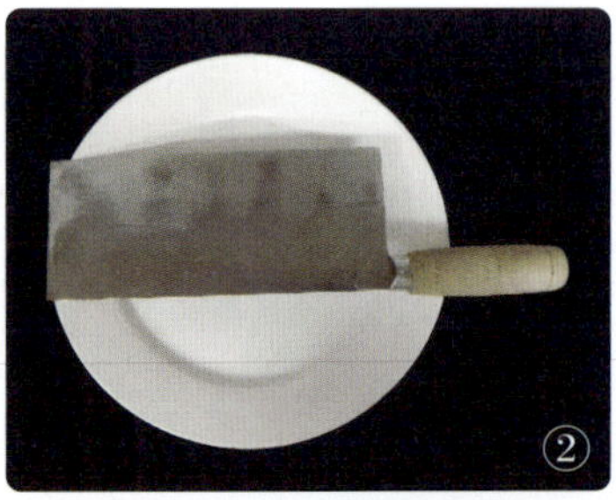
②

③

④

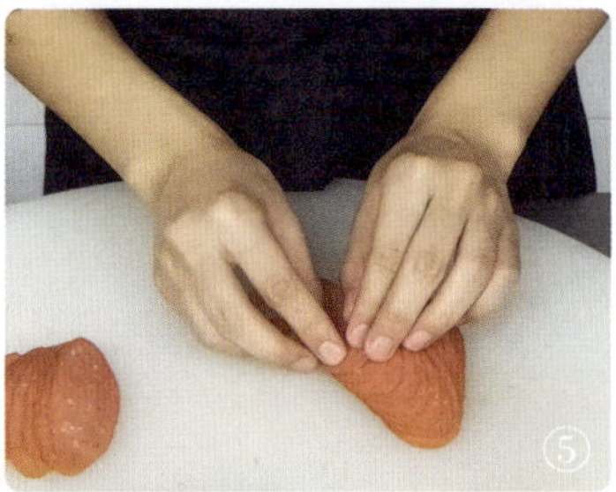
⑤

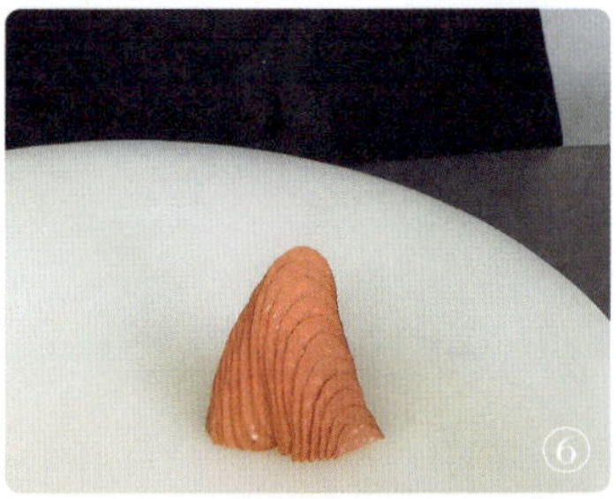
⑥

⑦

⑧

⑨

5. 制作要领

（1）切烤肠要薄厚均匀。

（2）切完薄片的烤肠不要改变顺序。

（3）注意衔接过程要连贯。

（4）假山整体完整无缺，形态逼真、观赏性强。

三、任务思考与练习

（1）假山衔接的技巧是什么？

（2）设计一款以假山为主题的冷拼作品。

四、任务评价

实训任务评价表格见附录2。

项目五　花卉冷拼实训

项目导学

花卉冷拼是一种将凉菜拼摆成花卉形状的烹饪艺术，要求制作者具备艺术审美和刀工技巧，能将食材转化为艺术品。通过实践，提升学生的刀工和食材搭配能力，培养审美和创新思维，创作独特作品。选择新鲜、色彩鲜艳的食材如黄瓜、胡萝卜等，根据主题设计花卉种类、形状、布局和配色方案。运用刀工技巧切割食材，按设计拼摆，注意搭配和层次感，增强艺术效果。本项目以月季、牵牛、荷花等代表性花卉为例。

学习目标

知识目标

1. 了解花卉冷拼的概念，明确其作为花色冷拼的独特性、制作要求以及在烹饪领域的价值。

2. 熟悉花卉冷拼常用食材的特性，如黄瓜、胡萝卜、心里美萝卜等食材的质地、色彩、保鲜要点对花卉造型呈现效果的影响。

3 理解花卉冷拼从构思设计到拼摆完成的全流程步骤，包括确定花卉种类、布局、配色，以及运用装饰物提升效果的方法。

能力目标

1 熟练运用精湛刀工，依照设计将食材拉刀切成适配花卉造型的形状与大小，完成月季花、牵牛花、荷花等代表性花卉冷拼作品。

2 能够依据不同场景、受众喜好，独立构思并设计独具创意的花卉冷拼方案。

3 会运用食材搭配技巧，突出花卉冷拼作品的层次感与协调性，使其整体呈现精美、自然的视觉观感。

素养目标

1 在处理食材过程中，强化学生对食材的尊重，培养勤俭节约的习惯，减少食材损耗。

2 借由花卉冷拼对传统技艺的传承，激发学生的民族自豪感，树立守护中华美食文化瑰宝的意识。

3 通过团队协作完成复杂花卉冷拼任务，锻炼学生的沟通协作能力，培养集体荣誉感。

实训任务1 月季花

一、任务知识

月季花象征坚韧和幸福，在中国文化中占有特殊地位。它不仅代表美好寓意，还能通过冷拼艺术形式融入美食，让餐桌成为展示艺术的平台。这种创作不仅提供视觉享受，还传递情感和文化。月季花常用于冷拼，但传统制作方法复杂且造型单一。本任务介绍一种创新的冷拼月季花制作方法，简化了操作流程，易于学习，注重经济性，减少浪费。该技术灵活多样，能精确再现月季花从花蕾到盛开的各个阶段，并可根据不同场合主题搭配藤蔓、绿叶等，创造多样化的摆盘效果。

二、任务实施

1. 原料准备

心里美萝卜、白萝卜、盐水①。

2. 工具准备

雕刻刀、桑刀、刷子②。

视频二维码：
月季花视频

3. 工艺流程

心里美切片→心里美修水滴形→心里美拉刀→白萝卜修底坯→花瓣凹造型→花瓣粘贴→月季花成品

4. 制作步骤

（1）取一半心里美萝卜均匀切片，修成水滴形③④。

（2）把修好的心里美萝卜均匀拉刀，拉成薄片，刷盐水⑤⑥。

（3）取一段白萝卜，旋出中间废料，修成月季花底坯⑦⑧。

（4）把泡软的心里美萝卜捏成小山丘形状，吸干水分⑨⑩。

（5）把吸干水分的花瓣在手上捏出花瓣造型，贴在底坯上⑪。

（6）月季花成品⑫。

（7）提前做好叶子、小草、假山⑬。

（8）组装以月季花为主题的冷拼作品⑭。

（9）月季花主题成品⑮。

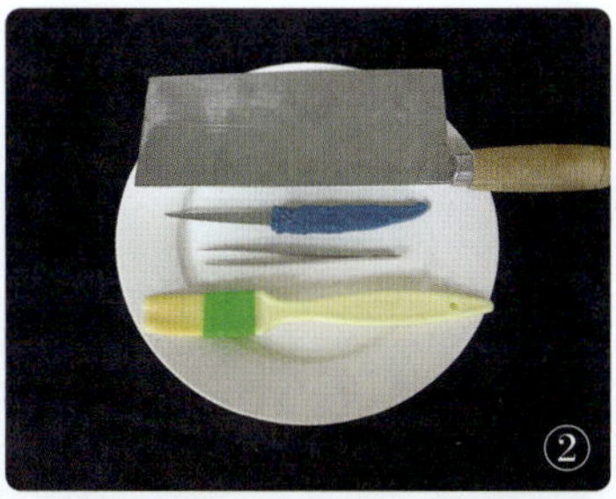

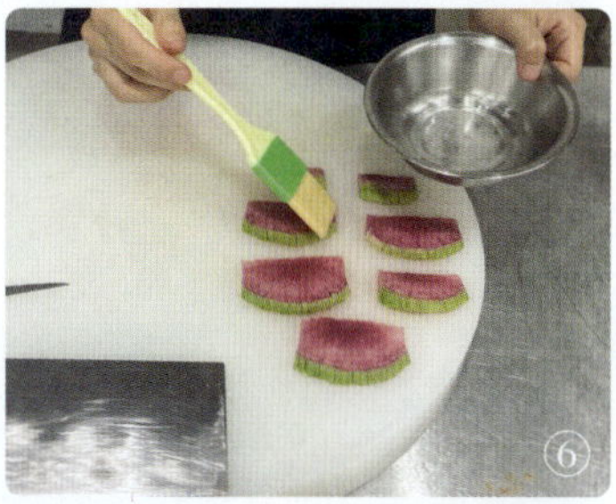

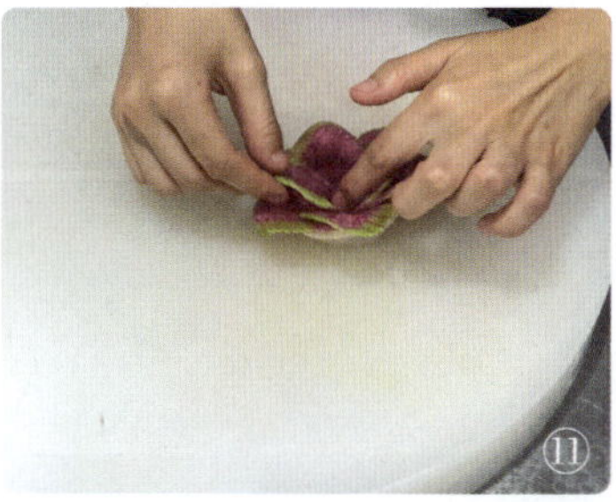

5. 制作要领

（1）月季花花瓣拉刀要厚薄均匀。

（2）月季花粘贴时要先捏出花瓣的形状。

（3）泡完盐水要注意吸干水分，否则花瓣形状容易塌。

（4）月季花整体完整无缺，形态逼真、观赏性强。

三、任务思考与练习

（1）月季花花瓣造型和粘贴的技巧是什么？

（2）月季花在我国传统文化中有什么重要意义？

四、任务评价

实训任务评价表格见附录2。

实训任务2　荷花

一、任务知识

荷花象征高洁与清廉，在中国文化中具有重要地位。它不仅是艺术作品中的经典意象，还被转化为冷拼艺术，为饮食文化增添雅致，让食客在享受美食时感受到荷花的精神内涵。这种文化与美食的结合，提供了独特的审美体验。荷花冷拼艺术使用常见蔬菜材料，简化了制作过程，便于新手学习。该技术减少了食材浪费，可调整作品尺寸和形态，适应不同场合，与荷叶、莲蓬等元素搭配，营造夏日荷塘美景。

二、任务实施

视频二维码：荷花视频

1. 原料准备

心里美萝卜、白萝卜、胡萝卜、盐水①。

2. 工具准备

雕刻刀、桑刀、镊子②。

3. 工艺流程

修初坯→修荷花花瓣→花瓣拉刀→花瓣泡盐水→修花心、花蕾→花瓣粘贴→月季花成品

4. 制作步骤

（1）取一段白萝卜旋出中间废料，形成底坯③④。

（2）切白萝卜表皮修成大水滴形⑤⑥⑦。

（3）把修好的白萝卜用雕刻刀在中间拉刀，不拉断，再泡盐水⑧⑨。

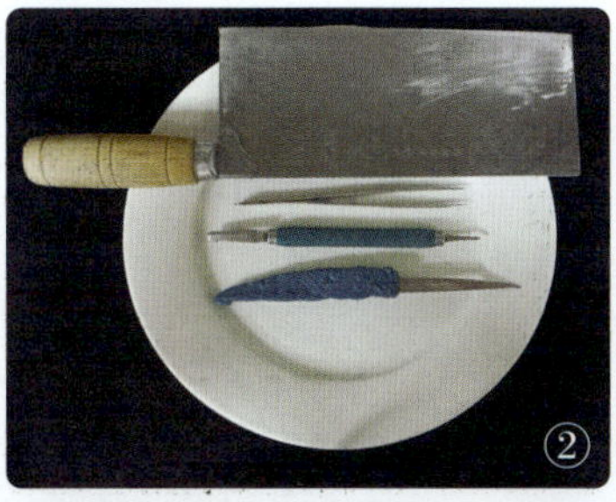

（4）取一段胡萝卜用小号拉刀拉出连刀细丝⑩。

（5）再取一小块青萝卜修圆，用拉刀修出莲蓬造型⑪。

（6）将泡软的白萝卜吸干水分，拗出弧形状，粘贴在底坯上⑫⑬⑭。

（7）把拉好的连刀细丝与莲蓬贴合在一起放入荷花中间，作为荷花心⑮⑯。

（8）荷花成品⑰。

（9）提前做好假山、荷叶、小草、水波纹⑱。

（10）组装以荷花为主题的冷拼作品⑲。

（11）荷花主题成品⑳。

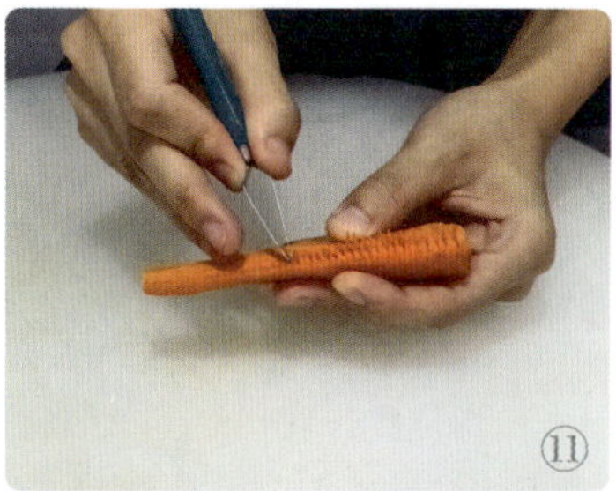

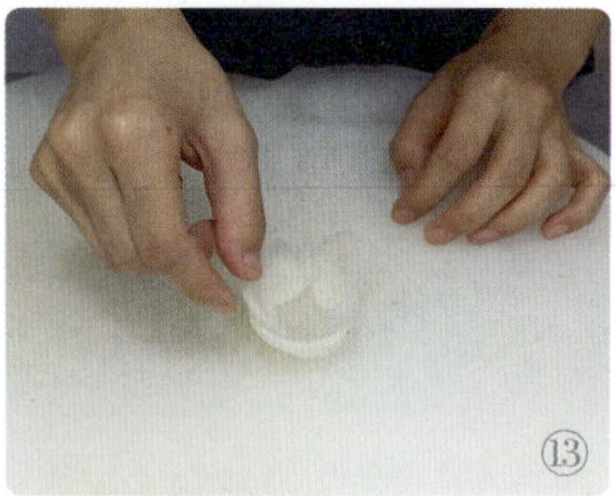

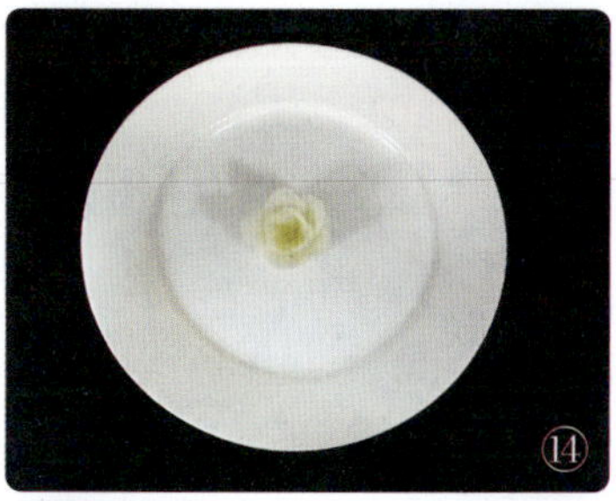

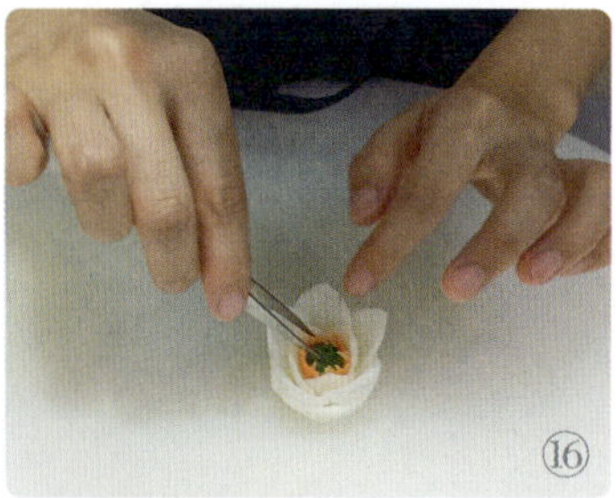

5. 制作要领

（1）荷花花瓣要厚薄均匀。

（2）花瓣呈上薄下厚带有弧度的形状。

（3）花瓣泡完盐水要注意吸干水分，调整花形。

（4）荷花整体完整无缺，形态逼真、观赏性强。

三、任务思考与练习

（1）制作荷花水滴形花瓣形状的技巧是什么？

（2）荷花在我国传统文化中有什么寓意？

四、任务评价

实训任务评价表格见附录2。

实训任务3 牵牛花

一、任务知识

牵牛花清晨开花，中午凋谢，象征勤劳和坚韧。在中国文化中，牵牛花代表不懈奋斗的精神。冷拼形式的牵牛花不仅美化餐桌，还能传递鼓舞人心的力量，将自然美与人文内涵结合，赋予冷拼艺术魅力。牵牛花冷拼采用白萝卜、胡萝卜等材料，简化了传统花卉冷拼的复杂性，易于制作。既适合作为前菜，也可组成大型景观冷盘，适应多种餐饮主题。其花瓣形似娇嫩花朵，自然舒展。

二、任务实施

视频二维码：
牵牛花视频

1. 原料准备

白萝卜、胡萝卜、盐水①。

2. 工具准备

雕刻刀、桑刀、镊子、刷子②。

3. 工艺流程

切白萝卜→修水滴形→白萝卜拉刀→白萝卜泡盐水→胡萝卜拉花心→卷花瓣→牵牛花成品

4. 制作步骤

（1）取一段白萝卜切成一边大一边小的块状，再修成水滴形③④⑤。

（2）把修好的白萝卜拉成薄片，刷盐水⑥⑦。

（3）取一段胡萝卜，用小号拉刀拉出细条⑧⑨。

（4）将泡软的白萝卜抿成扇形，吸干水分⑩。

（5）把拉好的细条放入吸干水分的白萝卜中，用手卷起来再捏形状，形成喇叭花⑪⑫。

（6）提前做好叶子、假山、小草⑬⑭。

（7）组装以牵牛花为主题的冷拼作品⑮⑯。

（8）牵牛花成品⑰。

①

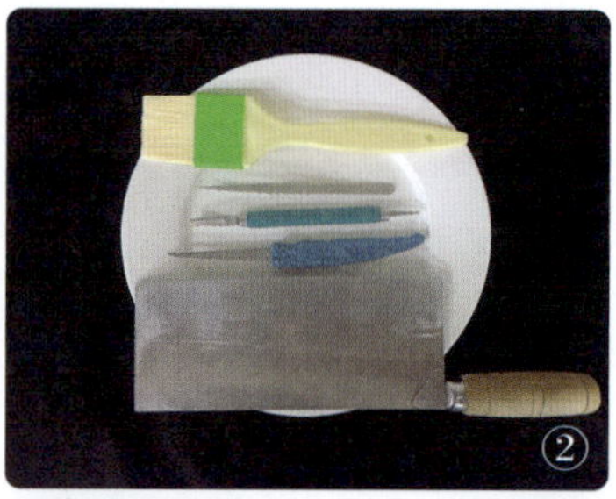
②

③

④

⑤

⑥

⑦

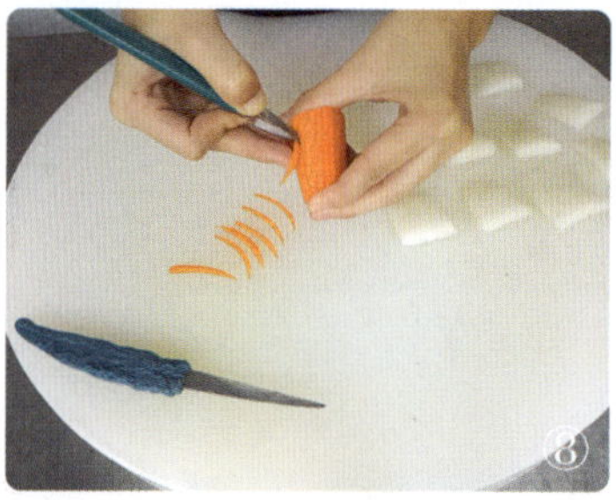
⑧

⑨

⑩

⑪

⑫

⑬

⑭

⑮

⑯

⑰

5. 制作要领

（1）拉刀要厚薄均匀。

（2）熟悉卷牵牛花的手法。

（3）花瓣泡完盐水要注意吸干水分，调整花形。

（4）牵牛花整体完整无缺，形态逼真、观赏性强。

三、任务思考与练习

（1）卷牵牛花造型的技巧是什么？

（2）设计一款以牵牛花为主题的冷拼作品。

四、任务评价

实训任务评价表格见附录2。

项目六 果蔬冷拼实训

项目导学

果蔬冷拼是利用加工好的果蔬原料，通过不同的刀法和拼摆技法，制作成图案的艺术形式。它可以美化宴席，提升档次，是烹饪艺术的重要部分。这种冷拼以各种蔬菜为主料，通过切割与拼摆，创造出色彩丰富、形态多样的艺术品。它能提供视觉与味觉的双重享受，广泛用于宴会、庆典等场合，增添餐桌美感。本项目通过学习南瓜、白菜、枇杷等代表性冷拼，旨在深入了解和提升果蔬冷拼技艺。

学习目标

知识目标

1 了解各类可用于果蔬冷拼的原料，理解其挑选标准与处理方法，能够根据不同的冷拼需求精准选择合适的原料。

2 了解果蔬冷拼在餐饮行业中的独特地位与重要作用，理解其对于提升餐饮文化内涵和丰富餐饮体验的意义。

3 熟悉常见的用于果蔬冷拼的特定原料，以及不同原料在不同冷拼造型和风格中的应用。

能力目标

1 熟练运用果蔬冷拼的刀工技法，能够根据色彩搭配原理和造型设计原则，制作出富有创意和美感的果蔬冷拼作品。

2 能遵循果蔬冷拼制作过程中的卫生规范与安全要求，从原料采购、储存到加工制作的每一个环节，都能确保产品的卫生与质量，保障消费者的健康。

3 能够熟练运用原料的独特质地、丰富色彩以及多样口感，依据不同的文化元素、节日氛围、季节特色等构建出风格各异的主题冷拼。

素养目标

1 通过学习果蔬冷拼制作技艺，激发学生的社会责任感和时代担当精神，让学生意识到传承和创新中华饮食文化是自身的责任与使命。

2 注重培养学生的科学精神和创新意识，鼓励学生在制作过程中不断探索新的原料组合、技法应用和造型设计，勇于创新，提升自身的创造力和实践能力。

3 培育学生的文化自信，让学生在深入了解中华饮食文化的博大精深后，更加热爱并积极传承中华饮食文化，将其推向更广阔的舞台。

实训任务 1 南瓜

一、任务知识

南瓜，葫芦科南瓜属植物，在中国南北广泛种植。南瓜富含膳食纤维，象征美好生活、家庭、健康、幸福和繁荣，常被视为吉祥和幸福的象征。南瓜冷拼通过多种萝卜和澄面等材料制作，简化技巧减少食材损耗，可调整大小和样式，与果蔬雕饰搭配，形成秋日田园风格。

二、任务实施

视频二维码：
南瓜视频

1. 原料准备

心里美萝卜、青萝卜、胡萝卜、澄面、盐水①。

2. 工具准备

雕刻刀、桑刀、刷子、镊子②。

3. 工艺流程

底坯塑形→原料修椭圆形→原料拉刀→原料泡盐水→雕刻南瓜头→原料粘贴→安上南瓜头→南瓜成品

4. 制作步骤

（1）取一部分烫熟的澄面，塑形成南瓜状③④。

（2）将青萝卜、心里美萝卜、胡萝卜切片，修成椭圆形⑤⑥⑦⑧。

（3）将修好的原料均匀拉刀，刷盐水⑨⑩。

（4）取一段青萝卜雕刻成南瓜头⑪⑫。

（5）泡软的原料吸干水分，贴上南瓜坯，安上南瓜头⑬⑭。

（6）南瓜成品⑮。

（7）提前做好假山、叶子、小草⑯。

（8）组装好以南瓜为主题的冷拼作品⑰。

（9）南瓜主题成品⑱。

①
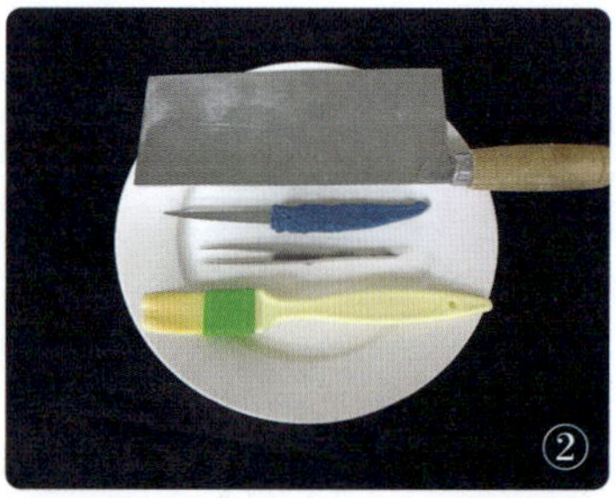
②

③

④

⑤

⑥

⑦

⑧

⑨

⑩

⑪

⑫

⑬

⑭

⑮

⑯

⑰

⑱

5. 制作要领

（1）原料拉刀要厚薄均匀。

（2）原料要修成椭圆形。

（3）原料粘贴时要注意衔接连贯。

（4）南瓜整体完整无缺，形态逼真、观赏性强。

三、任务思考与练习

（1）南瓜底坯塑形的技巧是什么？

（2）设计一款以南瓜为主题的冷拼作品。

四、任务评价

实训任务评价表格见附录2。

实训任务2 白菜

一、任务知识

白菜，又称小白菜、大白菜，是十字花科芸薹属植物。原产中国华北，现广泛栽培于各地。白菜在中国东北及华北地区是冬春季主要蔬菜，象征财富和纯洁。白菜谐音“百财”，寓意财富积累和保管。白菜摆盘使用青萝卜、白萝卜、澄面等材料，通过制作底坯和粘贴技术塑形，结合蔬果、香草。传统冷拼工艺复杂，易浪费食材，造型单一。本任务介绍易学技法，节约食材，可搭配多种蔬果、香草，按主题制作田园风、禅意风等风格摆盘。白菜叶片层次分明、质地柔嫩，简单摆弄即可呈现丰富造型。

二、任务实施

1. 原料准备

青萝卜、白萝卜、澄面、盐水①。

2. 工具准备

雕刻刀、桑刀、刷子、镊子②。

3. 工艺流程

底坯塑形→青萝卜修水滴形→青萝卜拉刀→青萝卜泡盐水→白菜叶粘贴→白菜成品

视频二维码：
白菜视频

4. 制作步骤

（1）取一部分烫熟的澄面，塑形成白菜状③。

（2）取一段青萝卜切成一边大一边小的块状④。

（3）把青萝卜块修成水滴形，拉成薄片，刷盐水⑤⑥⑦。

（4）把泡软的青萝卜捏成扇形，吸干水分⑧。

（5）把吸干水分后的青萝卜依次贴在底坯上半部分⑨⑩。

（6）取白萝卜皮修成中间厚两边薄，拉成薄片，刷盐水⑪⑫。

（7）把泡软的白萝卜捏成山丘形状并吸干水分，贴在底坯下半部分⑬⑭。

（8）白菜成品⑮。

①

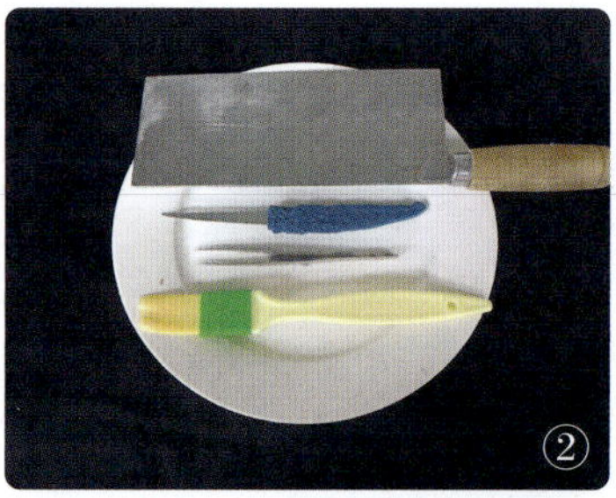
②

③

④

⑤

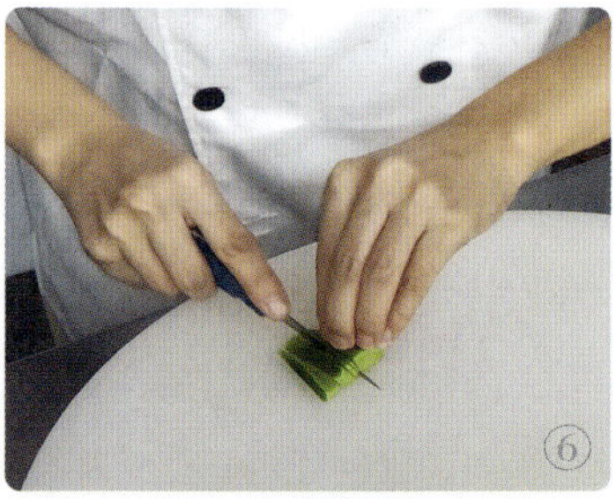
⑥

⑦

⑧

⑨

（9）提前做好假山、小草⑯。

（10）组装以白菜为主题的冷拼作品⑰。

（11）白菜主题成品⑱。

⑩

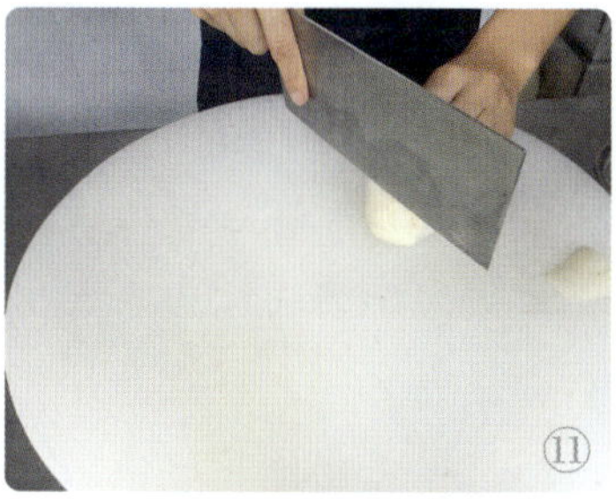
⑪

⑫

⑬

⑭

⑮

⑯

⑰

⑱

5. 制作要领

（1）原料拉刀要厚薄均匀。

（2）学会用澄面塑形白菜坯。

（3）白菜整体完整无缺，形态逼真、观赏性强。

三、任务思考与练习

（1）白菜底坯塑形的技巧是什么？

（2）白菜在我国传统文化中有什么寓意？

四、任务评价

实训任务评价表格见附录2。

实训任务3 枇杷

一、任务知识

枇杷是蔷薇科常绿乔木，小枝粗壮，果实呈球形或长圆形。枇杷原产中国四川、湖北，现长江以南多有栽培。枇杷不仅美味，还富含文化寓意，象征幸福未来。枇杷造型用胡萝卜、澄面、黑芝麻等材料，结合基础底坯和叶片。创新简化制作，减少浪费，可调整大小。造型可作装饰，搭配树枝等营造丰收场景。

二、任务实施

视频二维码：
枇杷视频

1. 原料准备

胡萝卜、黑芝麻、澄面、盐水①。

2. 工具准备

雕刻刀、桑刀、刷子、镊子②。

3. 工艺流程

底坯塑形→胡萝卜修中间厚两边薄→胡萝卜拉刀→胡萝卜泡盐水→胡萝卜粘贴→底部粘黑芝麻→枇杷成品

4. 制作步骤

（1）取一部分烫熟的澄面，塑形成枇杷状③④。

（2）取一段胡萝卜切成均匀的片⑤。

（3）切好的片修成中间厚两边薄，拉成薄片，刷盐水⑥⑦⑧。

（4）将泡软的胡萝卜吸干水分，粘贴在澄面上⑨⑩。

（5）贴好原料后的枇杷底部粘黑芝麻⑪。

（6）枇杷成品⑫。

①

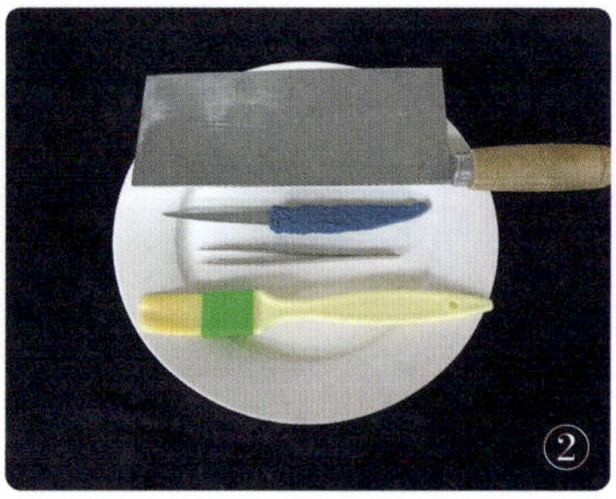
②

③

（7）提前做好叶子、假山、梯子、小草⑬。

（8）组装以枇杷为主题的冷拼作品⑭。

（9）枇杷主题成品⑮。

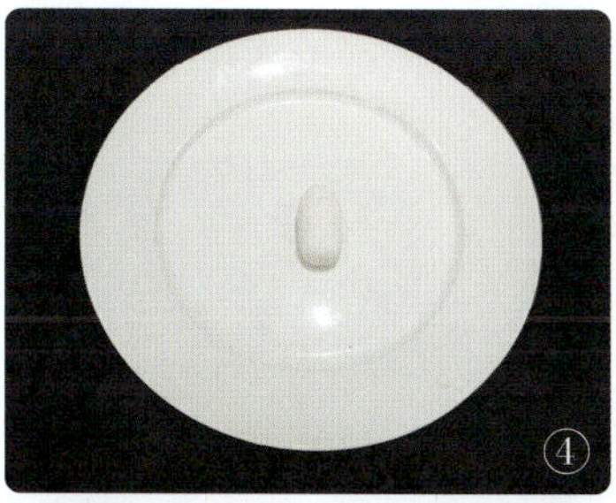

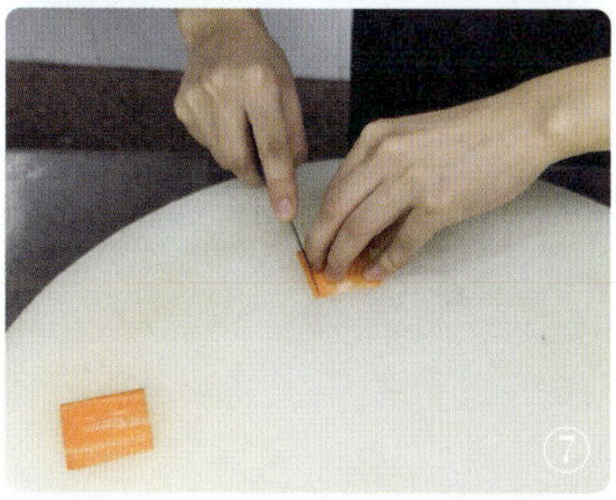

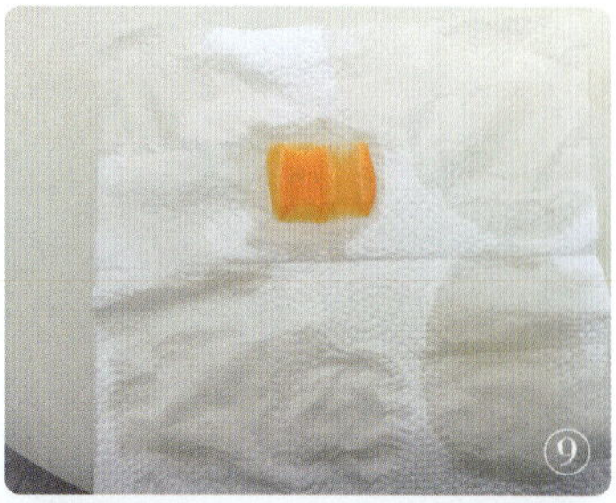

5. 制作要领

（1）原料拉刀要厚薄均匀。

（2）学会用澄面塑形枇杷坯。

（3）枇杷整体完整无缺，形态逼真、观赏性强。

三、任务思考与练习

（1）原料粘贴的技巧是什么？

（2）设计一款枇杷主题的冷拼作品。

四、任务评价

实训任务评价表格见附录2。

项目七　动物类冷拼

项目导学

动物类冷拼是一种烹饪技巧，通过刀法和拼摆技法将冷菜原料制作成动物图案。它是冷拼课程的核心内容，重点学习蝴蝶、喜鼠、绶带鸟等动物造型。通过学习，可以掌握色彩搭配和造型设计，进行创新制作。此技巧对冷菜制作者要求较高，需要精通构图方法，处理好主体与衬托的关系，处理好造型元素和色彩布局，将食材组合成生动的动物形象。

学习目标

知识目标

1. 了解动物类冷拼原料选择的诀窍，明确不同食材质地、色泽、口感与动物形象塑造的适配性。
2. 掌握动物类冷拼造型的原则，诸如形态逼真、比例协调、动静相宜等，领会设计布局的要点。
3. 掌握动物类冷拼常见主题的寓意，例如，蝴蝶象征着美好与自由，喜鼠寓意吉祥喜庆，绶带鸟代表长寿与富贵。

能力目标

1. 掌握动物类冷拼的完整制作工艺，从食材预处理、刀法运用到调味处理，每个环节都能熟练操作，确保食材符合冷拼制作要求。

2 掌握动物类象形冷拼制作的详细步骤，从垫底搭建框架，到逐步拼摆塑造动物身体各部分，再到最后的细节修饰，熟练掌握排、堆、叠、围、贴等多样拼摆手法。

3 能够根据给定的寓意或场合需求，反向构思设计动物类冷拼主题，从动物选择、造型设计到色彩搭配，使冷拼作品兼具艺术美感与文化内涵。

素养目标

1 通过对动物类冷拼作品的创作与欣赏，深度培养学生的艺术审美能力，引导学生从线条、色彩、造型等多维度感知美，鼓励学生在传统冷拼基础上大胆创新，提升创新实践能力，激发学生的创造力与想象力。

2 在动物类冷拼项目学习过程中，面对困难与挑战，培养学生乐观向上、积极进取的态度，鼓励学生勇于尝试、不怕失败；在团队协作或作品交流中，引导学生学会宽容，尊重他人的创意与想法，提升学生的人际交往素养。

3 在动物类冷拼选材与创作时，融入生态文化文明观念教育，引导学生认识到保护野生动物、合理利用食材资源的重要性，树立保护环境意识，倡导可持续发展理念，使学生在烹饪实践中践行绿色环保原则。

实训任务 1 蝴蝶

一、任务知识

蝴蝶象征着美丽与自由，在自然界中以优美的姿态和斑斓的色彩飞舞。一盘栩栩如生的蝴蝶冷拼，不仅成为视觉焦点，还为用餐氛围增添雅致与情趣。这不仅是一道美食，也是一件可欣赏可品尝的艺术品。蝴蝶冷拼采用胡萝卜、心里美萝卜、青萝卜、虾、西蓝花、火腿、土豆泥等食材，通过它们的色泽和质感制作出绚丽的蝴蝶翅膀和身子。西蓝花点缀增添活力，火腿丰富口味，土豆泥用于塑形翅膀。盐、白醋、水用于食材处理，青萝卜雕刻成蝴蝶尾羽与触须。

二、任务实施

1. 原料准备

胡萝卜、心里美萝卜、虾、西蓝花、火腿、青萝卜、土豆泥、盐、白醋、水①②。

2. 工具准备

菜刀、刷子、毛巾③。

视频二维码：
蝴蝶视频

3. 工艺流程

雕刻蝴蝶部件→捏塑蝴蝶翅膀→萝卜改刀水滴形腌制→拉刀拼摆蝴蝶→设计蝴蝶组装成品

4. 制作步骤

（1）提前用青萝卜雕刻好蝴蝶的尾羽、触须，虾仁尾部做蝴蝶身子④。

（2）取土豆泥捏出蝴蝶翅膀造型，分别为前翅、尾翅⑤。

（3）将胡萝卜、青萝卜、心里美萝卜改刀成大小不一的水滴状作为蝴蝶的翅膀备用⑥⑦。

（4）翅膀水滴萝卜拉刀成片备用⑧⑨。

（5）蝴蝶翅膀的材料分别由外到里分层铺摆成蝴蝶翅膀形状⑩⑪⑫。

（6）依次把蝴蝶身子、翅膀、触须、尾翅拼摆成象形蝴蝶⑬⑭。

（7）蝴蝶成品⑮。

（8）改刀假山所需要的材料，并全部拉刀成片⑯。

（9）将假山的材料拼摆成象形假山⑰⑱。

①

②

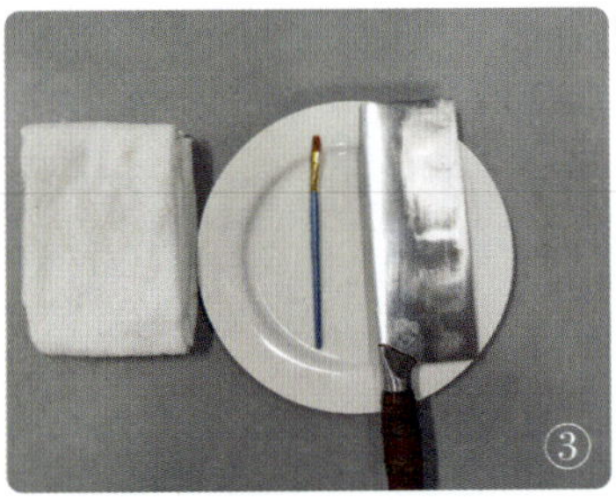
③

④

⑤

⑥

⑦

⑧

⑨

（10）蝴蝶主题成品⑲。

5. 制作要领

（1）设计蝴蝶拼盘时应注意蝴蝶整体比例大小，原料色泽搭配合理。

（2）蝴蝶主题要突出、造型美观，体现出蝴蝶灵动的视觉效果。

（3）蝴蝶与假山之间主次关系分明，掌握好造型元素大小与位置的布局。

（4）在设计蝴蝶主题时，可以与花卉、叶子、竹子等元素搭配。

三、任务思考与练习

（1）蝴蝶在冷拼作品中常用于哪些主题？举例说明。

（2）设计一款以蝶恋花为主题的冷拼作品。

四、任务评价

实训任务评价表格见附录2。

实训任务2　喜鼠

一、任务知识

喜鼠在中国传统文化中象征着多子多孙和财富。它被视为带来福气和财运的灵鼠，常与吉祥和财富联系在一起。例如，“鼠来宝”表达了人们对鼠带来好运和财富的期望。喜鼠的形象在艺术、节日和日常生活中广受欢迎。本任务设计的“鼠来宝”主题冷拼，使用猴头菇模拟喜鼠毛发，元宝和铜钱象征财源广进，白菜寓意招财纳福，假山增加层次感和灵动感，共同营造出祥瑞之气。

二、任务实施

视频二维码：喜鼠视频

1. 原料准备

胡萝卜、白萝卜、心里美萝卜、青萝卜、黄瓜、虾、火腿、鱼蓉卷、猴头菇、盐、白醋、水、土豆泥①。

2. 工具准备

雕刻刀、菜刀、毛巾②。

3. 工艺流程

雕刻喜鼠部件、其他配件→土豆泥捏塑喜鼠造型→铺摆喜鼠毛发→设计喜鼠主题成品

4. 制作步骤

（1）提前用胡萝卜雕刻喜鼠的耳朵、尾巴、爪子备用③。

（2）用土豆泥捏制喜鼠大型，并组装喜鼠耳朵、尾巴、爪子④。

（3）将猴头菇改刀成小块做喜鼠毛发⑤⑥。

（4）猴头菇毛发依次铺摆在喜鼠初坯上并调整成象形喜鼠⑦。

（5）喜鼠成品⑧。

（6）提前雕刻好铜钱、元宝，拼摆好白菜⑨。

（7）改刀假山所需要的材料，并全部拉刀成片拼摆成象形假山⑩。

（8）设计以喜鼠为主题的冷拼拼盘⑪⑫。

（9）喜鼠主题成品⑬。

5. 制作要领

（1）应选用毛发细软的猴头菇作为喜鼠毛发为佳。

（2）拼摆喜鼠毛发由下向上铺摆，层次分明，最后用主刀调整毛发的层次。

（3）喜鼠与元宝、铜钱、白菜之间主次关系分明，掌握好造型元素大小与位置的布局。

三、任务思考与练习

（1）思考喜鼠在中国传统文化中的地位，收集整理资料并进行汇报。

（2）设计一款以喜鼠为主题的冷拼作品。

四、任务评价

实训任务评价表格见附录2。

实训任务3　绶带鸟

一、任务知识

绶带鸟在中华传统文化中象征吉祥长寿，其优雅身姿和飘逸尾羽为自然增添美丽。成功塑造绶带鸟不仅是美味佳肴，更是富含文化与艺术美感的作品，为餐桌带来高雅气息。绶带鸟冷拼制作是禽鸟造型实训，通常与花卉、山石搭配成“鸟语花香”主题。此任务要求学生掌握雕刻冷拼技巧，理解设计理念和造型审美，通过制作过程提升艺术感和审美能力。

二、任务实施

视频二维码：绶带鸟视频

1. 原料准备

胡萝卜、心里美萝卜、青萝卜、虾、西蓝花、火腿、蒜薹、盐、白醋、水、土豆泥①。

2. 工具准备

菜刀、毛巾、刷子②。

3. 工艺流程

雕刻鸟头、爪子、尾巴→捏制绶带鸟身体、组装绶带鸟部件→拼摆覆盖绶带鸟的翅膀、身体→设计绶带鸟主题冷拼成品

4. 制作步骤

（1）提前用胡萝卜雕刻好鸟头、鸟爪，鸟尾③。

（2）取土豆泥捏出鸟的身体造型，分别将鸟头、鸟尾、鸟爪安在鸟身上④⑤。

（3）心里美萝卜改刀为拱形片拉刀做鸟尾毛发⑥。

（4）胡萝卜、青萝卜、心里美萝卜改为大小不一的水滴状，腌制备用⑦。

（5）采用拉刀法将水滴状萝卜拉刀成片备用⑧⑨。

（6）水滴萝卜片分别拼摆翅膀小覆羽、中覆羽、大覆羽⑩⑪⑫⑬。

（7）取白萝卜片改刀为拱形片，并拉刀成丝备用⑭⑮。

（8）白萝卜丝覆盖绶带鸟的身体作为毛发⑯。

（9）绶带鸟成品⑰。

（10）提前拼摆好叶子、牡丹花⑱。

（11）设计以绶带鸟为主题的拼盘⑲⑳。

（12）绶带鸟主题成品㉑。

⑬

⑭

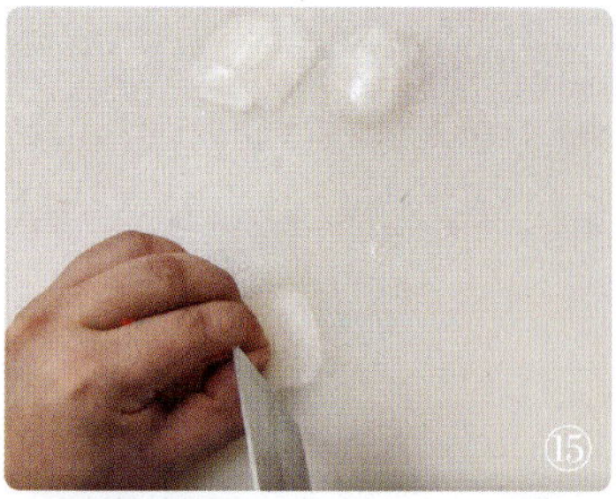
⑮

⑯

⑰

⑱

⑲

⑳

㉑

5. 制作要领

（1）绶带鸟在整体布局时，选料要丰富色彩艳丽、成品饱满。

（2）绶带鸟拼摆时要注意鸟的身材比例，尾羽要有飘逸感。

（3）主题设计过程，要突出绶带鸟为主题，点缀装饰配件为辅。

（4）雕刻绶带鸟的配件时要考虑鸟的整体大小。

三、任务思考与练习

（1）绶带鸟的形态特征有哪些？

（2）设计一款以喜鹊秋收为主题的冷拼作品。

四、任务评价

实训任务评价表格见附录2。

项目八　综合篇

项目导学

综合篇冷拼是在学习各个冷拼项目基础上的升华，制作难度比较大，对于冷菜制作者的要求也相应提升。从设计、构思主题到选择各种颜色的荤素材料搭配，运用精湛的综合刀法及拼摆技术，按照一定的顺序和位置比例拼摆成花色景观冷拼，如金鱼戏水、锦鸡报春、富贵花开等主题。需要冷菜制作者掌握一定设计主题知识、扎实的刀工和拼摆手法以及美学的相关知识。也为冷菜制作者将来在岗位上能根据具体客情需要，设计、创新制作不同主题花色拼盘打基础。

学习目标

知识目标

1. 了解冷拼拼摆的原理和技巧，深入掌握如何将各种食材巧妙地组合在一起，创造出视觉和味觉上的双重享受。
2. 掌握冷拼材料的选择与鉴别，学会如何挑选新鲜优质的食材，并且能够熟练运用各种颜色搭配方法，使得冷拼作品不仅美味可口，而且色彩缤纷，令人赏心悦目。
3. 理解主题冷拼的历史背景和传统文化知识，深入挖掘每一道冷拼背后的故事和文化内涵，从而在制作过程中更好地传承和发扬这些宝贵的文化遗产。

能力目标

1. 具备整体设计冷拼主题的能力，能够依据不同的主题需求，挑选恰当的色彩搭配，使整个作品展现出和谐统一的视觉效果。
2. 能够熟练掌握动物类象形冷拼的制作流程以及拼摆技巧，能够通过冷拼技术将这些特征生动地展现出来。
3. 能够根据不同的食材和设计需求，灵活使用不同刀法，创造出具有独特风格和艺术效果的冷拼作品。

素养目标

1 鼓励学生在冷拼创作中尝试新主题、形式和技法，培养创新和解决问题的能力。通过作品欣赏与评价，提高审美和艺术修养，多维度鉴赏冷拼作品。

2 通过学习冷拼历史传统文化，让学生深刻理解中华饮食文化的博大精深，激发对传统文化的热爱，增强文化认同感和自信心，积极传承中华饮食文化。

3 在冷拼学习中，面对复杂工艺和高要求，培养学生的积极态度和克服困难的勇气。通过团队协作和作品交流，引导学生学会尊重他人创意，提升人际交往素养和情感态度。

实训任务 1 锦鸡报春

一、任务知识

锦鸡报春象征着美好生活追求和吉祥如意，广泛融入文学、艺术和民俗。它与自然景观和民俗紧密相关，在绘画、刺绣等艺术中常与繁花绿树一同出现，营造柔美意境。锦鸡文化也体现在地域多样的习俗和传说中，如苗族锦鸡舞。在立体冷拼中，“锦鸡报春”是常见题材，寄托着人们对新一年吉祥美好的向往。原料选择上，鲜艳色彩的原料突出锦鸡特点，展现其美丽形象，寄托对春天和美好生活的期待。布局上，锦鸡置于中心，周围点缀花草和春天元素，营造春意盎然、生机勃勃的氛围。

二、任务实施

1. 原料准备

胡萝卜、心里美萝卜、青萝卜、白萝卜、黄瓜、虾、火腿、鸡蛋干、蒜薹、盐、白醋、水、土豆泥①。

视频二维码：锦鸡报春视频

2. 工具准备

菜刀、毛巾、碟子②。

3. 工艺流程

雕刻锦鸡部件→土豆泥捏制锦鸡身体→改刀锦鸡原料、拼摆锦鸡造型→牡丹花、叶子拼摆造型→设计锦鸡报春主题冷拼

4. 制作步骤

（1）提前用胡萝卜雕刻好锦鸡的头部、爪子、尾巴③。

（2）取土豆泥捏出锦鸡的身体造型，分别将鸟头、鸟尾、鸟爪按在锦鸡身上④⑤。

（3）心里美萝卜改刀为拱形片，并拉刀做鸟尾毛发⑥。

（4）胡萝卜、青萝卜、心里美萝卜改为大小不一的水滴状，腌制备用⑦⑧。

（5）采用拉刀法分别把水滴状萝卜拉刀成片，拼摆为翅膀大覆羽、中覆羽、小覆羽⑨⑩⑪。

（6）用白萝卜改刀成拱形片并拉刀成丝，覆盖在锦鸡身上⑫。

（7）锦鸡成品⑬。

（8）将心里美萝卜改刀成大小不一的水滴状作为牡丹花花瓣备用⑭。

（9）水滴状萝卜拉刀成片，拼摆成牡丹花花瓣⑮。

（10）牡丹花花瓣分别由外到里分层铺摆成象形牡丹花⑯⑰。

（11）将青萝卜改刀成拱形片，并拉刀成青萝卜片⑱。

（12）青萝卜片拼摆成叶子形状⑲⑳。

（13）设计以锦鸡报春为主题的拼盘㉑㉒㉓。

（14）锦鸡报春主题成品㉔。

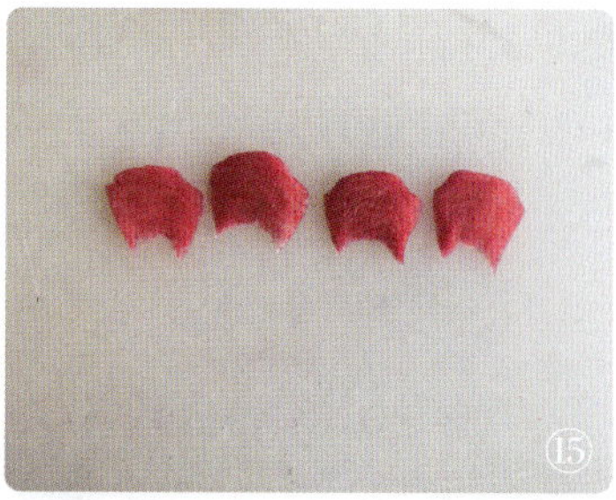

5. 制作要领

（1）设计锦鸡报春主题应考虑整体布局效果，以锦鸡主题为主，牡丹花、叶子、假山为辅。

（2）拼摆锦鸡毛发和翅膀多选用色彩艳丽的材料合理搭配，突出锦鸡的特点。

（3）锦鸡雕刻部件比例要协调，形态生动、逼真。

三、任务思考与练习

（1）收集锦鸡在中国传统文化中的寓意并整理资料进行汇报。

（2）一款以锦鸡报春为主题的冷拼作品。

四、任务评价

实训任务评价表格见附录2。

实训任务2　金鱼戏水

一、任务知识

金鱼戏水观赏性强，色彩丰富的金鱼与水草形成美景。不同品种金鱼如龙睛金鱼和水泡眼金鱼，具有独特色彩和形态。在中国传统文化里，金鱼戏水代表富贵和吉祥，常用于园林和绘画，象征富足和快乐生活。制作冷拼金鱼戏水需要综合运用多种技能。设计时要选择合适的食材颜色，如胡萝卜、黄瓜、火腿等，通过切割、雕刻、拼接等技术，制作出金鱼形状。可加入荷叶、荷花、假山等元素，创造河池金鱼戏水的景观。制作中要注重色彩搭配和形状逼真度，以实现最佳视觉效果。

二、任务实施

1. 原料准备

胡萝卜、心里美萝卜、青萝卜、白萝卜、虾、火腿、鱼蓉卷、黄瓜、蒜薹、西蓝花、盐、白醋、水、土豆泥①。

视频二维码：
金鱼戏水视频

2. 工具准备

菜刀、毛巾、碟子②。

3. 工艺流程

雕刻金鱼头部，鱼鳍、背鳍、鱼尾→用土豆泥捏塑金鱼的身体→改刀材料→拼摆金鱼身体、尾巴→设计金鱼戏水主题冷拼成品

4. 制作步骤

（1）提前用胡萝卜雕刻金鱼的头部、鱼鳍、背鳍、鱼尾③。

（2）取土豆泥捏出金鱼的身体造型，分别将鱼头、背鳍、鱼鳍、鱼尾安在金鱼身上④⑤。

（3）胡萝卜改刀为小圆条，白萝卜滚料片出长片，将白萝卜长片包卷胡萝卜作为鱼鳞备用⑥⑦。

（4）鱼鳞卷切成鱼鳞薄片由上至下铺摆在金鱼身上形成象形金鱼⑧⑨⑩。

（5）取土豆泥捏出荷叶底坯⑪。

（6）青萝卜改刀成水滴状，并拉刀成薄片⑫⑬。

（7）青萝卜薄片依次铺摆成象形荷叶⑭⑮⑯。

（8）提前改刀假山、小桥所需的原料，雕刻荷叶和小草⑰。

（9）设计拼摆以金鱼戏水为主题的拼盘⑱。

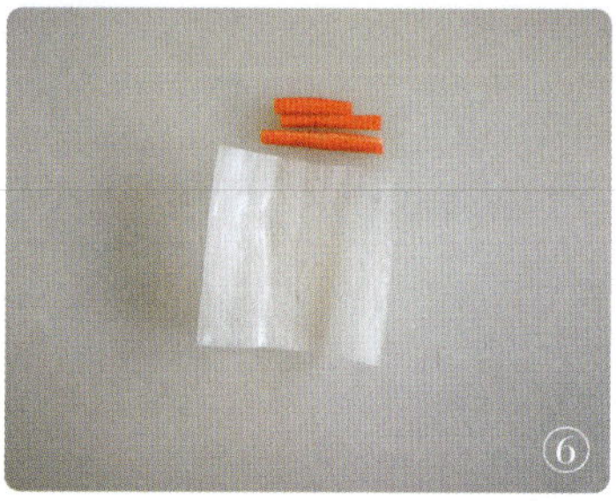

（10）金鱼戏水主题成品⑲。

5. 制作要领

（1）鱼身表面涂一层沙拉酱再拼摆鱼鳞片，可防止鱼鳞片脱落。

（2）荷叶、假山等原料切制厚薄均匀，拼摆形态自然。

（3）金鱼与荷叶、荷花、假山等元素组合，要注意主次分明，布局合理自然，勾画出河池金鱼戏水的景观。

三、任务思考与练习

（1）金鱼尾用冷拼拼摆方法怎么做到灵动自然？

（2）一款以金鱼为主题的冷拼作品。

四、任务评价

实训任务评价表格见附录2。

实训任务 3 富贵花开

一、任务知识

牡丹花象征富贵，在冷拼中以它为主题，传达繁荣昌盛的含义。在中国传统文化中，牡丹代表繁荣和富足。古代宫廷和高级宴会上，牡丹造型的冷拼象征主人尊贵身份和对富足生活的向往。这种寓意也使冷拼牡丹花适合庆祝开业、乔迁等场合，寓意生意兴隆、生活富裕。富贵花开主题冷拼是立体冷拼的代表，常见于花卉类主题冷拼。制作时常用白萝卜、青萝卜等原料，搭配叶子、树枝、假山等元素，构成观赏性强的景观。设计时需考虑色彩搭配、布局协调性，突出主题画面感和美感。

二、任务实施

视频二维码：
富贵花开视频

1. 原料准备

胡萝卜、心里美萝卜、青萝卜、黄瓜、白萝卜、虾、火腿、鸡蛋干、蒜薹、盐、白醋、水、土豆泥①。

2. 工具准备

雕刻刀、菜刀、毛巾、刷子、碟子②。

3. 工艺流程

雕刻牡丹花花心→土豆泥捏制牡丹花底坯、叶子底坯→改刀牡丹花花瓣、叶子→拼摆牡丹花花瓣、叶子→设计拼摆牡丹花主题成品

4. 制作步骤

（1）提前雕刻好牡丹花的花蕾、围墙、树枝备用③。

（2）取土豆泥捏出牡丹花和叶子的底坯备用④。

（3）将心里美萝卜改刀成大小不一的水滴状作为牡丹花花瓣，泡盐水腌制⑤⑥。

（4）水滴状萝卜拉刀成片，拼摆成牡丹花花瓣⑦⑧。

（5）牡丹花花瓣分别由外到里分层铺摆成象形牡丹花⑨⑩⑪。

（6）将青萝卜改刀成拱形片状，拉刀成青萝卜片⑫。

①

②

③

（7）青萝卜片拼摆成叶子形状⑬⑭。

（8）改刀假山所需的材料备用⑮。

（9）设计以富贵花开为主题的冷拼拼盘⑯⑰。

（10）富贵花开主题成品⑱。

④

⑤

⑥

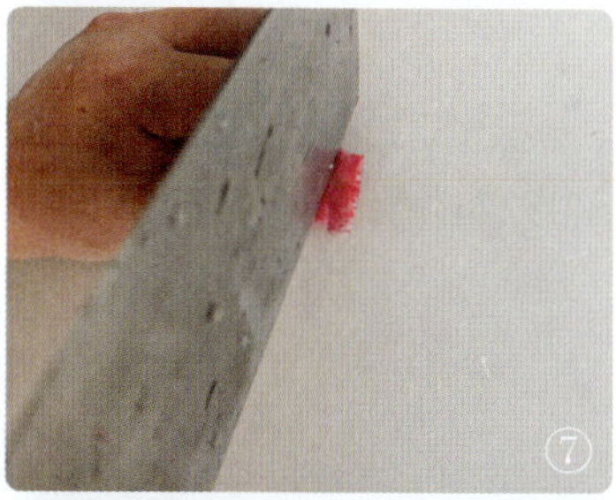
⑦

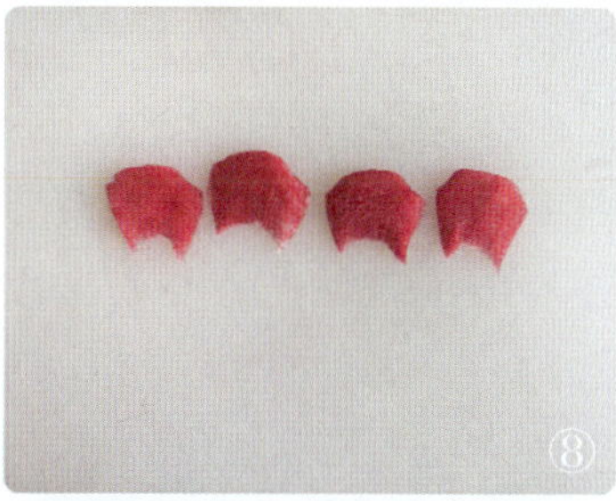
⑧

⑨

⑩

⑪

⑫

⑬

⑭

⑮

5. 制作要领

（1）设计富贵花开主题，整体构造要协调，突出主题为牡丹花的整体效果。

（2）拼摆牡丹花花瓣时，花瓣与花瓣之间要相互交叉，层次分明。

（3）拼摆完牡丹花，需调整花瓣边缘呈不规则的波浪边，凸显含苞待放的形态。

三、任务思考与练习

（1）牡丹花还可以和其他什么元素搭配？

（2）设计一款以牡丹花为主题的冷拼。

四、任务评价

实训任务评价表格见附录2。

附录

附录1

食品雕刻任务评价表

评价内容	评价要求	分值	自我评价（权重20%）	小组评价（权重20%）	教师评价（权重60%）
制作准备	帽子端正、工装整洁，头发不露出帽子	5			
	原料准备是否齐全	5			
	操作工具准备是否齐全	5			
制作过程	课前学习任务是否完成，任务单填写情况	15			
	准确地运用各种食品雕刻刀法，下刀力度适中，线条流畅、自然；避免食材浪费；雕刻的形状、比例符合设计意图，造型美观	15			
	小组参与度、沟通能力、相互合作是否顺畅	15			
卫生	操作过程是否卫生，操作工具、操作工位是否清洁干净	20			
成品质量	雕刻作品整体造型完整，主题鲜明突出，具有一定的艺术感染力和观赏性；形态逼真、生动，细节处理到位，色彩搭配协调、自然，符合食材本身的特点和审美要求	20			
得分					
合计（低于60分为不及格）					

附录 2

冷拼任务评价表

评价内容	评价要求	分值	自我评价（权重20%）	小组评价（权重20%）	教师评价（权重20%）
制作准备	帽子端正、工装整洁，头发不露出帽子	5			
	原料准备是否齐全	5			
	操作工具准备是否齐全	5			
制作过程	课前学习任务是否完成，任务单填写情况	15			
	食材进行切片、丝、块等加工处理，大小、厚度均匀一致；灵活运用不同的处理方法，保证食材的形状和质地符合设计意图；处理过程中注意保持食材的完整性，避免破损和浪费	15			
	小组参与度、沟通能力、相互合作是否顺畅	15			
卫生	保持操作台面清洁，及时清理加工产生的残渣和废弃物；刀具、工具使用后及时清洗，避免交叉污染；严格遵守食品卫生操作规范	20			
成品质量	冷拼作品整体造型完整，主题鲜明突出，具有一定的艺术感染力和观赏性；色彩搭配协调、自然，层次分明，能吸引消费者的注意力；食材搭配合理，口感和营养均衡；冷拼布局合理，疏密得当，各部分之间比例协调，无明显瑕疵	20			
得分					
合计（低于60分为不及格）					

参考文献

[1] 王国仕，杨林超．食品雕刻［M］．上海：上海交通大学出版社，2017.

[2] 阮克富，田家兴，刘华军．食品雕刻技艺［M］．石家庄：河北科学技术出版社，2019.

[3] 翟福珍，李伟．冷菜、冷拼与食品雕刻技艺［M］．成都：电子科技大学出版社，2020.

[4] 吴雄昌，刘燕，谢剑锋．刀工与冷拼技术［M］．武汉：华中科技大学出版社，2024.

[5] 王炳华，边振明，段辉煌．中式冷菜冷拼工艺［M］．武汉：华中科技大学出版社，2024.

[6] 周毅，王俊光，周建龙．食品雕刻与冷拼［M］．武汉：华中科技大学出版社，2020.

[7] 江泉毅．食品雕刻［M］．2版．重庆：重庆大学出版社，2015.